疑問を拡大していけば仕組みが見えてくる！

ズーミング！
水族館

監修：小宮輝之
協力：アクアマリンふくしま／鴨川シーワールド

秀和システム

ズーミング! ってどういうこと?

ズーミング(Zooming)とは英語で"拡大する"を意味します。小さな写真ではわかりにくいことも、大きく拡大すれば見えてくることがあります。本書ではこの手法を使って、水族館の設備や川・沼・海などの生き物、その飼育や繁殖方法などに対する疑問にズーミングして迫り、その仕組みや謎などを解き明かしていきます。

【取材&編集協力】

アクアマリンふくしま(ふくしま海洋科学館)

https://www.aquamarine.or.jp/

福島県いわき市小名浜字辰巳町50

【取材協力 第2章 No.4】

アクアマリンいなわしろカワセミ水族館

https://www.aquamarine.or.jp/kawasemi/

福島県耶麻郡猪苗代町長田東中丸3447-4

【取材協力 第2章 No.6～8、第3章 No.3】

鴨川シーワールド

https://www.kamogawa-seaworld.jp/

千葉県鴨川市東町1464-18

本書の執筆にあたり、アクアマリンふくしまの古川健館長、鴨川シーワールドの勝俣浩館長、アクアマリンいなわしろカワセミ水族館の平澤桂副館長、ならびに各水族館のスタッフのみなさまにいろいろとレクチャーしていただきました。あらためてお礼申し上げます。

はじめに

子供のころから、水族館には家族で行ったり、遠足で行ったりするなじみ深い場所ですが、水族館の取り組みや、役割、飼育されている生き物についてわかりやすく解説している児童書はあまり目にしません。水棲生物のこと、飼育施設のこと、働いているスタッフのことなどズーミングしながら紹介できたらいいな。子供たちが、さらに水族館に興味をもってくれるに違いないと思いました。水族館の新しい役割の１つには滅びそうな希少生物を増やし守る域外保全活動があります。水棲生物の生態にあわせて、生き生きと飼わなければならないし、動物福祉の使命も果たさなければなりません。

この企画にピッタリの水族館として、福島県いわき市にある環境水族館アクアマリンふくしまと、千葉県鴨川市にある鴨川シーワールドを選びました。前者は「幼児期の自然体験がその子の人生を左右する」と考える安部義孝初代館長が2000年にオープンさせた水族館で、「海を通して『人と地球の未来』を考える」の理念のもと、運営されています。ここでは、水中の生物はもちろんのこと、地上の生態系にも配慮した展示が特徴で、釣り体験やバックヤードツアーなどのさまざまな体験を通して大人も子供も学べる場所となっています。

後者は1970年、鳥羽山照夫初代館長が海獣類の飼育と繁殖を目指しオープンした水族館で、開館当初から飼育しているシャチは、日本で初めて飼育展示・繁殖に成功。現在、国内の水族館で飼育している個体は1988年に導入した１頭を除き、すべて鴨川由来の個体です。また、日本で初めてガンジスカワイルカ、シロイルカの飼育に成功した水族館でもあります。

この２つの水族館のスタッフが、ともに手を携え飼育生物のために“みずからの危険も顧みず動いた”のは、本文中でも紹介しましたが「東日本大震災」のときです。アクアマリンふくしまがマグニチュード９の激震と、それに続く津波により大きな被害をこうむり水族館としての機能が停止したとき、当時の鴨川シーワールド、荒井一利館長号令のもと、アクアマリンふくしまのセイウチ・トド・アザラシ、海鳥類を「緊急避難」させたのです。

「いのちを守るため」……その思いがつないだ命、現在も水族館で息づいています。

『ズーミング! 水族館』を読まれたみなさんがアクアマリンふくしまや鴨川シーワールド、アクアマリンいなわしろカワセミ水族館、最寄りの水族館に足を運び、同じ地球上で私たち人間が野生生物といっしょに生きていくことの大事さを楽しく学んでくれれば、うれしく思います。

2024年11月　小宮 輝之

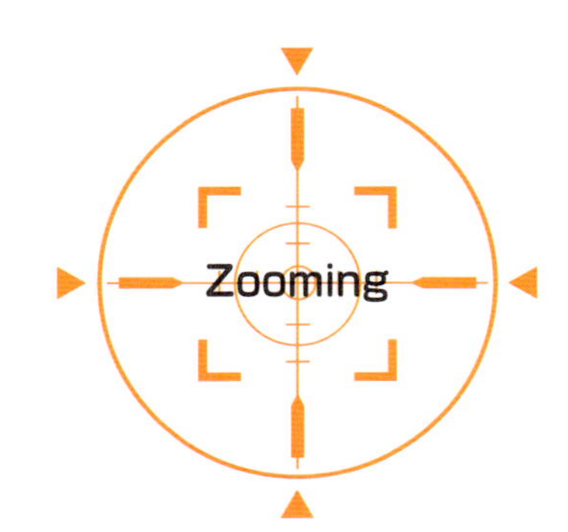

ズーミング！水族館

contents

Kamogawa SEAWORLD

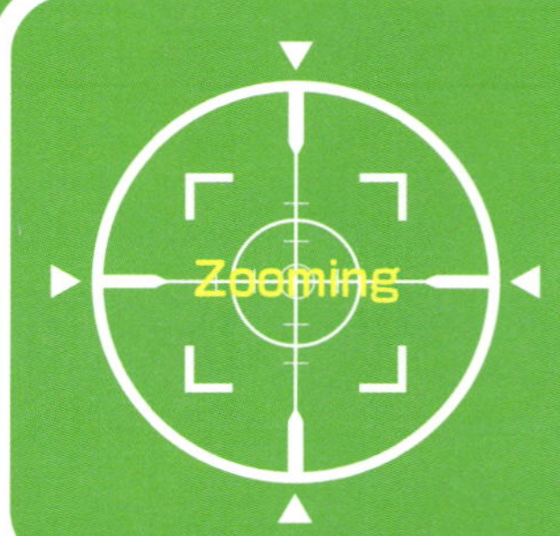

第1章（だいしょう）
施設（しせつ）や展示（てんじ）の疑問（ぎもん）にズーミング！

38ページ

No.8　水族館（すいぞくかん）で魚（さかな）が食（た）べられるってホント？

26ページ

No.5　大水槽（だいすいそう）のガラスの厚（あつ）さはどれくらいなの？

30ページ

No.6　バックヤードってどんなところ？

14ページ

No.2　自然環境を再現した展示ってどういうもの？

18ページ

No.3　生き物たちはどうやって集めてくるの？

8ページ

No.1　水族館ってどういうところなの？

22ページ

No.4　新種を生きたまま展示できるのはどうして？

34ページ

No.7　水が汚れたらどうするの？
海からもってくるの？

施設や展示の疑問にズーミング！ No.1

水族館って どういうところなの？

「潮目の海」の大水槽。福島県沖で黒潮と親潮がであう潮目の海の生態系を学ぶことができます

Zooming

生き物を飼育・展示するだけの施設ではなく、個々の思いにもとづいた研究なども行います

水族館がどういうところか、説明することはできますか？ 「川や海の生き物をたくさん飼育しているところ！」。確かにそれは事実ですが、それだけではありません。海に囲まれ、川や沼、湖などの自然に恵まれた日本には、全国各地に水族館があります。実は日本は、有数の水族館大国なのです。

だからこそ個々の水族館には、それぞれが定めた「理念（自分のところの水族館は『こうあるべ

日本ではアクアマリンふくしまでしか展示していない「インドネシアシーラカンス」の標本。長年の調査・研究が身を結んだ、唯一無二の展示です

Zooming

飼育員みずから北海道羅臼沖で採集した深海魚を繁殖させて、長期展示しています。この「アバチャン」も世界で初めて人工授精に成功しました
（写真：アクアマリンふくしま）

アクアマリンふくしまの外観。水族館（アクアリウム）と海洋博物館・科学館（マリンミュージアム）の機能をあわせもった施設という特徴から、「アクアマリン」と名づけられたとか。よく見ると水族館自体が魚のように見えますね

き』という考えや価値観）」があり、飼育している生き物に違いがあり、展示に工夫を凝らします。

クラゲがメインの水族館、深海の生き物がメインの水族館、シャチやアシカなどの海獣の見事なパフォーマンスが見られる水族館など、実にさまざま。水族館は、訪れてくれる人（来館者）たちにそれぞれの水族館の考えや思いなどを、生き物たちの展示やパフォーマンス、研究などを通して伝えようとしているのです。

ここで例として、福島県いわき市にある「アクアマリンふくしま（正式名称「ふくしま海洋科学館」）の理念と、それがどのような展示の工夫につながっているかを見てみることにしましょう。

Zooming

アクアマリンふくしまでは開館3周年を機に「環境水族館宣言」をしました。それ以降、アクアマリンふくしまの愛称の前に、環境水族館がついています

環境水族館であることを理解するには、福島県の川と沿岸の環境を再現した「ふくしまの川と沿岸」から「潮目の海」までの植物の展示を楽しみながら歩くのがオススメ。自然の水の流れが海にたどりつく過程で、多くの生き物を育んでいることがわかるはずです

アクアマリンふくしまを初めて訪れた方のなかには、入口近くにある「環境水族館」という文字を見て不思議に思われた方がいるかもしれません。名前の前に環境水族館とある水族館はここだけでしょう。しかしこの文字にこそ、アクアマリンふくしまの考えや思いが詰まっています。

潮目の海では黒潮と親潮が合流する福島県沖の豊かな生態系をさまざまな角度から観察することができます。“環境を見る”ということですね

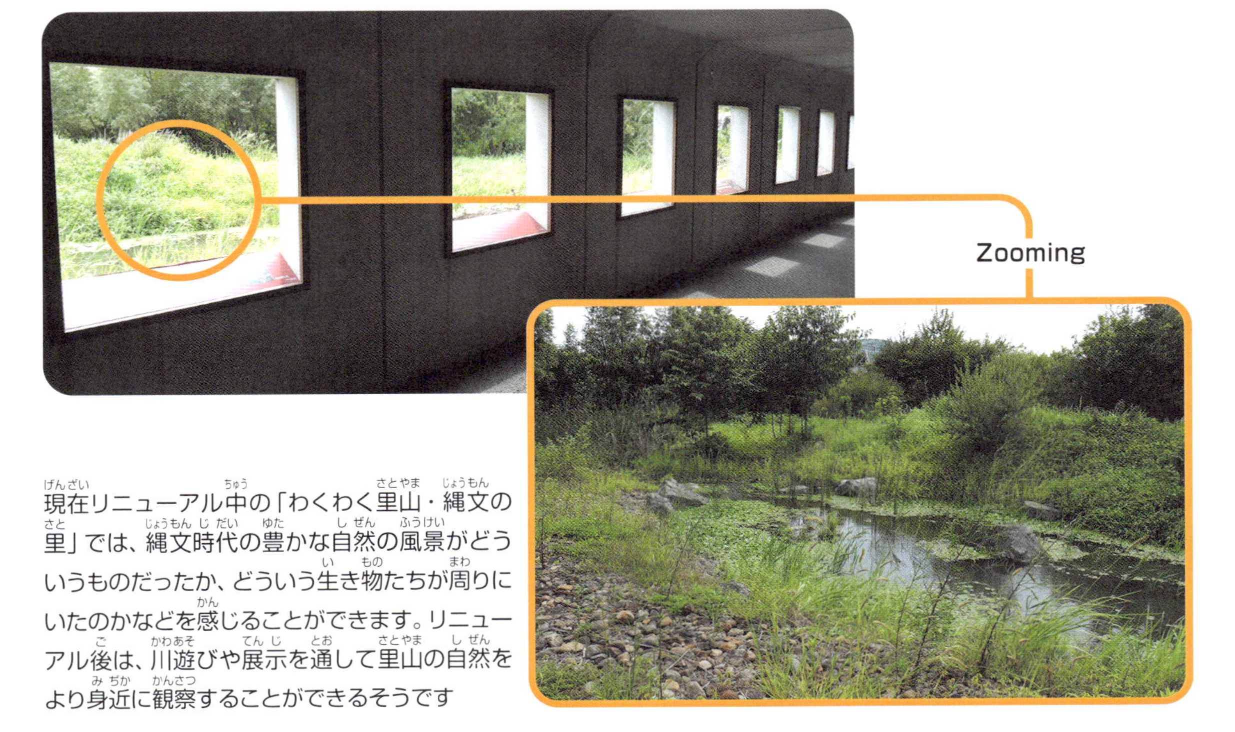

現在リニューアル中の「わくわく里山・縄文の里」では、縄文時代の豊かな自然の風景がどういうものだったか、どういう生き物たちが周りにいたのかなどを感じることができます。リニューアル後は、川遊びや展示を通して里山の自然をより身近に観察することができるそうです

アクアマリンふくしまの理念は、「海を通して人と地球の未来を考える」こと。海には山からの湧き水が川となって流れ込み、その過程で湖や沼などもできます。そしてこれらすべてが、水辺や水の中などで生活する生き物たちを育みます。私たち人間も同じで、豊かな自然に恵まれた日本ではなおさらそのことを強く感じるはずです。

つまりこの理念は、海につながる一連の流れを通じて、私たち人間を含めた生き物すべてにとって住みやすい環境とはなにか、豊かな海、豊かな地球を守るためにはどうすればいいかを考えるための学習と体験の場として水族館を運営していこう、という決意になっているのです。

東日本大震災が起きた際、小名浜港（左上）は津波の被害にあいました。アクアマリンふくしまも建物周辺の地盤沈下や駐車場の液状化（上）、水槽の中の擬岩が壊れたり（左）するなど、大きな被害がでました（写真：アクアマリンふくしま）

Zooming

東日本大震災から126日後の2011（平成23）年7月15日、アクアマリンふくしまは再オープンすることができました。現在は大勢の来館者で賑わっています

アクアマリンふくしまのある福島県は、2011（平成23）年3月11日に起きた東日本大震災で大きな被害を受け、アクアマリンふくしま自身も被災しました。また近くの小名漁港で運営していた「アクアマリンうおのぞき」という子ども漁業博物館も津波に襲われ、のちに場所を移しての営業再開となっています。

福島県の人口も震災前は200万人を超えていましたが、震災後はどんどん減っていき、現在は約170万人になっています。地元の人口が減れば来館者数が減ってしまうのは仕方のないことで、震災前の約90万人から50万人台にまで減ってしまいました。だからこそ「子供たちの

蛇の目ビーチでは子供も大人も裸足で水に入ることができます。小名浜港から海水を引き込み、魚やヒトデなどを間近で観察できるというわけです。家族や友達とこうした体験ができるのはすごくいいですよね（写真：アクアマリンふくしま）

Zooming

未来を開く水族館」となり、ここでしか見られない生き物を増やして「唯一無二の水族館」となり、「地域とともに歩む水族館」になることが大事だと、古川健館長が説明してくれました。

その考えや思いが、「ふくしまの川と沿岸」や「潮目の海」などの展示方法、飼育員がみずから採集した「新種」の展示、飼育が難しい「サンマ」の繁殖・展示、「シーラカンス」の調査・研究、「蛇の目ビーチ」の体験などにつながっています。

このように水族館では、「こうあるべき」という理念があり、それを踏まえた展示、調査・研究などが行われているのです。「なぜこの生き物がこの水族館で展示されているのだろう？」と思ったら、ぜひ水族館の公式サイトなどで調べてみてください。そうすればきっと、水族館を訪れるのがもっと楽しくなりますよ。

施設や展示の疑問にズーミング！ No.2

自然環境を再現した展示ってどういうもの？

Zooming

Zooming

「ふくしまの川と沿岸」では、初夏から初秋にかけて、水生昆虫を含め特に多くの生き物とであえるのでオススメです。じっくり観察してみましょう

「川の上流」の水槽にいたのは「ニッコウイワナ」。全４種類のイワナのうち、福島県周辺で見られるのがこのニッコウイワナです

生き物が本来棲んでいた自然の状態を、可能なかぎり忠実に再現した環境で展示を行うことです

水族館では、水槽の中でさまざまな生き物が飼育され、私たちはその展示をガラス越しに見ることができます。ではこれが自然環境を見るということなのでしょうか？　自分の家の水槽で水の中の生き物を観察するのとなにが違うのでしょうか？

「小川」の水槽にいたのは複数種のゲンゴロウ。この水槽の前では、「あっ、ゲンゴロウだ！」の声を何度も聞きました。全国的に減少が進んでいますが、子供たちの人気は健在です

「用水路」の水槽にいたのは「コイ」や「ナマズ」たち。コイやナマズは水の汚れに強い生き物なので、用水路でも生きていけるのです

自然環境を再現した展示とは、人の手で作られたものを使わず、自然にあるものを使って作られた展示のことをいいます。現実的には、生き物が本来棲んでいた生息地を可能なかぎり忠実に再現した展示となるでしょう。それが環境の一部分だけを切り取ったものではなく、全体像がわかるような展示であれば、よりベストです。ここでは環境を再現した展示の例として、アクアマリンふくしまの「ふくしまの川と沿岸」の展示方法を見てみることにしましょう。

「湖沼」の水槽まで来ました。この先はいよいよ「潮目の海」です

Zooming

「湖沼」では飛んできたトンボに遭遇。突然のことでピントが外れましたが、ギンヤンマらしき姿を確認できます。環境を再現した展示ならではのであい、といえるかもしれませんね

ふくしまの川と沿岸は、福島県内の川の上流から中流、途中の湿地や池・沼、河口、さらには海にたどりつくまでの環境を植物とともに再現した展示です。川の上流から海までの自然環境の移り変わりとそこに生息する生き物たちを、歩きながらじっくり観察することができます。そして福島県沖に広がる海を表現した「潮目の海」の大水槽にたどりついたとき、さまざまな水の流れが集まり、大きな海となって、より多くの生き物たちを育むことを学ぶことができるという展示になっているのです。

その前に「河口」や「砂地の海岸」の水槽などの生き物もチェック。砂地の海岸ではドチザメやホシザメなども見ることができますよ

水の流れに沿って「潮目の海」まで来ました。マイワシの大群の出迎えに胸がときめきます

　ちなみに９月にアクアマリンふくしまを訪れたとき、水槽の上にどこからかトンボ（ギンヤンマ？）がやってきて、スーッと飛び去っていきました。水槽内で生まれ、ヤゴから育って羽化したトンボかもしれませんが、この水槽の場所は屋根こそあるものの屋外とつながっているので、水槽の環境にひかれて外からやってきたトンボかもしれません。こうしたであいもまた、環境を再現した展示ならではのものといえるかもしれませんね。

施設や展示の疑問にズーミング！ No.3

生き物たちはどうやって集めてくるの？

全国各地の採集地に出向き、採集した魚を運び込む重要な役目を担っているのが、この活魚トラック（25トン車）です。活魚トラックは2台あって、大きなトラックには「碧竜号」というカッコいい名前もついています

飼育員が採集地に出向いて、みずから採集し、活魚トラックで運んできます

水族館で飼育されている大小さまざまな生き物たち。川や沼などの浅い場所や海岸などであっても捕まえるのは難しいのに、深海の生き物、さらには新種の生き物たちはどうやって捕まえ、運んでくるのでしょうか？　それとも専門の業者から買ってくるのでしょうか？

水族館によっては専門の業者から生き物を購入する場合もありますが、アクアマリンふくし

活魚トラックから水族館内の大水槽に魚を搬入するときに使うのが「コンテナ水槽」です。コンテナ水槽は壁が開閉するようになっていて、ここを開けて魚を大水槽に入れることができます

Zooming

コンテナ水槽の中が「格子模様」となっているのは、この模様のおかげで魚にとって壁の位置がわかりやすくなり、水槽の壁にぶつかりにくくなるからです

活魚トラックの右に停まっているのは、小学校やイベント会場で子供たちに生き物について教えるための移動水族館専用トラックです。こちらには「アクアラバン」という名前がついています

までは飼育員がみずから足を運び、現地の人たちと協力して生き物を採集し、みずから水族館まで運び込むことも多くあります。それを可能にしているのが、アクアマリンふくしま専用の「活魚トラック」です。この活魚トラックを使って、全国各地から採集した生き物を運ぶのです。

アクアマリンふくしまのおもな採集地

活魚トラック（6トン車）（写真：アクアマリンふくしま）

アクアマリンふくしまではおもに、北海道羅臼町の沖合、新潟県佐渡市達者の沖合、和歌山県串本町の紀伊大島沖合、鹿児島県奄美大島の瀬戸内町の沖合で海の生き物を採集しています。飼育員が各地で漁業を行っている方たちの船に乗ったり、みずから海に潜ったりして採集するのです。これにより、たんに海の生き物を採集するだけでなく、現地でしか得られない生息環境などの貴重な情報を得ることができます。

さらに採集した生き物を飼育し、生態の謎を解き明かし、繁殖させることができれば、将来的にその採集地の生息環境、採集した生き物を守るための知識が蓄えられるというわけです。水族館がただ採集してきた生き物を展示するだけの施設でないことは、ぜひ覚えておいてください。

水族館の上部にある「搬入用クレーン」でコンテナ水槽をつり上げ、「潮目の海」の大水槽上部まで移動させます。写真は黒潮水槽への搬入
(写真：アクアマリンふくしま)

コンテナ水槽の中に入った魚たちを驚かせないよう、大水槽の真上までゆっくり移動させます
(写真：アクアマリンふくしま)

コンテナ水槽を大水槽の中に沈め、ダイバーがふたを開けて魚たちを水槽へ移動させます。これで搬入完了です
(写真：アクアマリンふくしま)

なおこうした生き物たちを採集するなかで、すばらしい発見もありました。北海道羅臼沖で採集した生き物のなかから、多くの新種を発見したのです。これに関しては次のページであらためて解説します。

施設や展示の疑問にズーミング！ No.4

新種を生きたまま展示できるのはどうして？

「親潮アイスボックス」はアイスボックス（冷たい箱）の名のとおり、冷たい海の中で採集された生き物たちが展示されています

Zooming

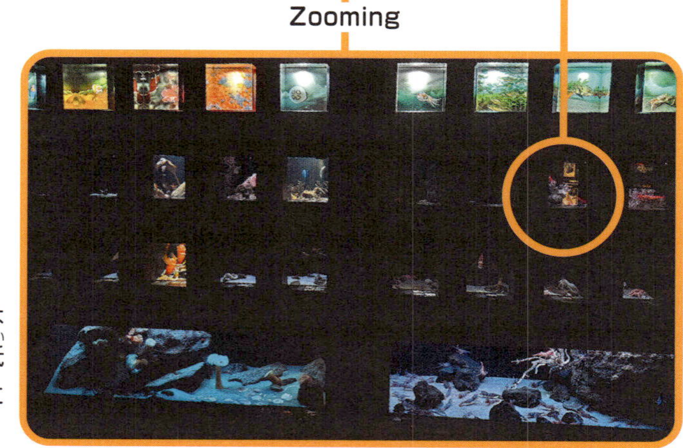

ここで展示されている生き物の多くは深海に生息しているので、照明は最低限。いちばん下の水槽以外は、1箱に1種ずつ展示されています

飼育員が採集地の方々と協力して採集・蓄養できたことが、生きたままの展示につながっています

生き物好きの方なら、「新種」が展示されているというだけで水族館に行きたくなりますよね。でも、今まで発見されていなかったからこそ新種なわけで、たまたま発見できたのでしょうか？それを生きたまま展示できているのには、なにか秘密があるのでしょうか？

「バックヤード」に貼られていた「近年発見された羅臼沖の新種」を紹介するポスター。2024年８月時点で、15種の新種を発見しています

2015年に新種として公表されたラウスツノナガモエビ。スラッと伸びた角が特徴のエビで、アクアマリンふくしまが初めて新種として公表した記念すべき種となりました（写真：アクアマリンふくしま）

すでに知られていた種として展示していた「イサリビビクニン」。なんと、研究を進めた結果、2024年に新種と判明しました
（写真：アクアマリンふくしま）

透き通るような白い体が特徴の「シラユキモロトゲエビ」。羅臼町の小学生が考えた「白雪姫エビ」にちなんだ名前だそうです
（写真：アクアマリンふくしま）

世界各地で発見され、知られている生き物は、哺乳類が約６千種、鳥類が約１万種、昆虫類が約95万種、植物類が約27万種、魚類が約３万５千種です。ところが未発見の生き物は、地球上にまだ数百万種以上いるといわれています。特に人間が簡単に行くことのできないジャングルや深海などには、未発見の生き物や、以前から知られてはいるものの分類されていない生き物がたくさんいます。実際、アクアマリンふくしまの飼育員が発見し、「親潮アイスボックス」で展示している「ラウスツノナガモエビ」「ダイオウキジンエビ」「ホカケコオリカジカ」「シラユキモロトゲエビ」などは、深海で近年発見された新種の生き物たちです。

採集地や採集道具の解説コーナー。こうしたコーナーで学べることは多いので、かならずチェックしましょう

Zooming

潜水採集で大活躍するペットボトル。押してペコペコと水を吸い込むと、生き物たちを傷つけず採集できるそうです。おもにクリオネを採集するそうですよ

皮膚が傷つきやすい魚もいるので、なにを採集するかによって道具も変える必要があります。この「水ダモ」は魚を水ごとすくえる網なので、魚を傷つけることなく採集することができます

海の生き物の採集方法は、採集する種類によって道具が変わります。たとえばカツオやマグロなどは漁師さん協力のもと「一本釣り」で釣り上げますし、エビは「エビ籠」という籠を使います。さまざまな生き物を採りたいときは「追い込み網」や「定置網」などで行います。飼育員がみずから海に潜って採集する「潜水採集」では、ペットボトルが活躍することもあります。

ただせっかく採集しても、水族館に運び込む前に死んでしまってはその生きた姿を来館者に見てもらうことができません。この問題をアクアマリンふくしまでは、採集地の漁師の方や漁業組合の協力を得て解決してきました。船の生け簀を借りて魚たちの皮膚が傷つかないように港まで運んだり、羅臼町では羅臼漁業協同組合の施設の一角を借りてそこに水槽を置き、採集した生き物たちをいったん休ませたりすることで生存率を大幅に上げることができています。飼育員がみずから採集地にでかけ、現地の方々と交流を深めたことが、採集した生き物の多くを生きたまま水族館まで運び込むことの成功につながっているのです。

アクアマリンふくしまで繁殖して4代目となったナメダンゴたち。お腹の吸盤で岩や海藻、水槽のガラスにくっついている姿がとてもかわいい魚です
(写真：アクアマリンふくしま)

展示されている生き物だけでなく、展示装置にも注目してみましょう。ここでは親潮アイスボックスの特別な水槽に入れられている「ナメダンゴ」について見てみます

Zooming

ナメダンゴは冷たい海に生息する魚なので、水温を低い状態で安定させるための装置が水槽の下に隠されています

水槽のガラスにも工夫があります。結露しないよう、厚さ10cm以上のアクリルガラスが使われているのです。親潮アイスボックスの説明板に同じガラスが使われているので、訪れたときはその厚みをぜひ確認してみてくださいね

アクアマリンふくしまの飼育員が北海道羅臼沖で発見した新種の数は、2024（令和6）年8月の時点で15種にものぼります。その裏には飼育員の努力と、採集地の方々の協力があることを、ぜひ覚えておいてくださいね。

施設や展示の疑問にズーミング！ No.5

大水槽のガラスの厚さはどれくらいなの？

現在の潮目の海の大水槽。自然光が差し込む水槽の中で、魚たちが元気に泳いでいるのがわかります

東日本大震災の被害を受けた「潮目の海」の大水槽。水槽の中は濁ってしまいましたが、ガラスは無事でした
（写真：アクアマリンふくしま）

複数枚のアクリルガラスを接着して使っていて、厚さは30cmを超えることがあります

水族館の目玉となっている大水槽。アクアマリンふくしまだと「潮目の海」がいちばん大きな水槽で、「黒潮水槽」の水量は約1,500トン、「親潮水槽」の水量は約550トン、あわせて約2,050トンの水量と水圧をガラスで支えているのですが、どれくらい厚いのでしょうか？　このガラスが割れることはないのでしょうか？　大地震が起きても大丈夫なのでしょうか？

まず話しておくべきは、2011（平成23）年3月11日に起きたマグニチュード9の東日本大

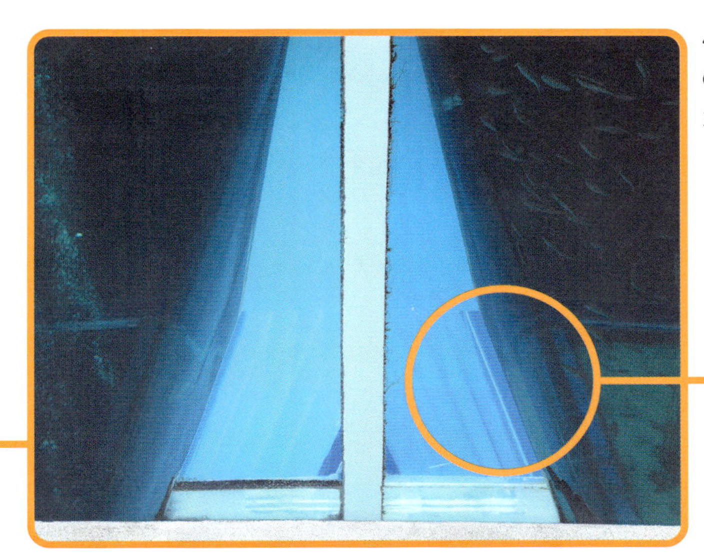

４階の「ふくしまの川と沿岸」から潮目の海に歩いていくと、三角トンネルのガラスの重なりを見ることができます

よく見ると何枚ものガラスがくっついているのがわかりますね

こちらは大水槽のアクリルガラスのサンプル。接着されたあとの厚さは30cm以上あるので、大地震でもびくともしなかったのです

震災により施設の各所で大きな被害がでたものの、潮目の海の大水槽のガラス自体は無事だった、ということです。

　ガラスといっても、家や学校の窓に使われるガラスではありません。「アクリルガラス」という、軽くて強度にすぐれたプラスチックの板（厚み約5cm）を５～７枚、接着して使っています。４階の「ふくしまの川と沿岸」から潮目の海に歩いていくとき、潮目の海の三角トンネルのあたりをのぞいてみてください。７枚の板が接着されて１枚のガラスのようになっているのがわかるはずです。直に見ると、「これだけの厚みがあれば割れないよね！」と思うはず。

大地震の際に潮目の海のガラスで唯一割れてしまったのが、黒潮水槽と親潮水槽を仕切るのに使われていたこのガラス。このアクリルガラスは1枚10cmの厚さしかなく、隣合った水槽で起きた波（のひずみ）に耐えられなかったのです
（写真：アクアマリンふくしま）

Zooming

ただ、大地震の際に潮目の海のガラスすべてが無事だったかというとそうではなく、大水槽上部のアクリルガラスが割れました。三角トンネルの上、黒潮水槽と親潮水槽を仕切るのに使われていた厚さ10cmほどのアクリルガラスは、2つの水槽に起きた高さの違う波（のひずみ）に耐えることができなかったのです。

その後、潮目の海の復旧とともにアクリルガラスも交換され、現在までその役目を立派に果たしています。バックヤードツアーに参加して潮目の海の上部を見る機会があれば、交換されたガラスがどれか探してみるといいでしょう。

新品と交換され、再オープン後、10年以上経った仕切りのガラス

アクアマリンふくしまの本館。全部で約4000枚のガラスが使われていますが、東日本大震災のマグニチュード9の地震でも割れたのはわずか20枚ほど。この事実からも、がんじょうなガラス構造であることがわかります

アクアマリンふくしまは自然光の下で生き物たちを観察できるのが特徴の水族館で、ガラス構造の本館では4000枚ほどのガラスが使われています。このうち東日本大震災の際に割れたのは20枚だけで、これがたった125日という、すばやい再オープンの１つの理由にもなりました。再オープンにまつわる話は第２章の62ページでも解説しますので、そちらもあわせて読んでくださいね。

施設や展示の疑問にズーミング！ No.6

バックヤードって どんなところ？

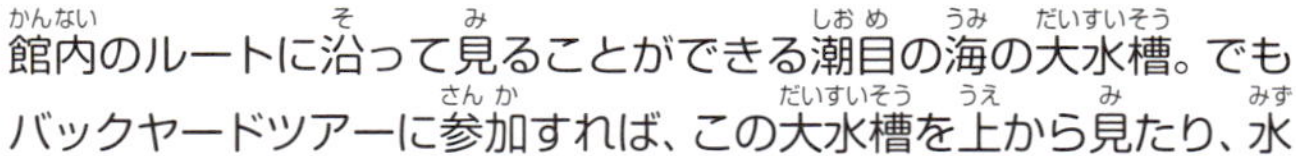

館内のルートに沿って見ることができる潮目の海の大水槽。でもバックヤードツアーに参加すれば、この大水槽を上から見たり、水を循環させる設備を見たり、魚の研究を行う「実験室」を見たり、「サービスヤード」で魚を運び込む話を聞いたりすることができます

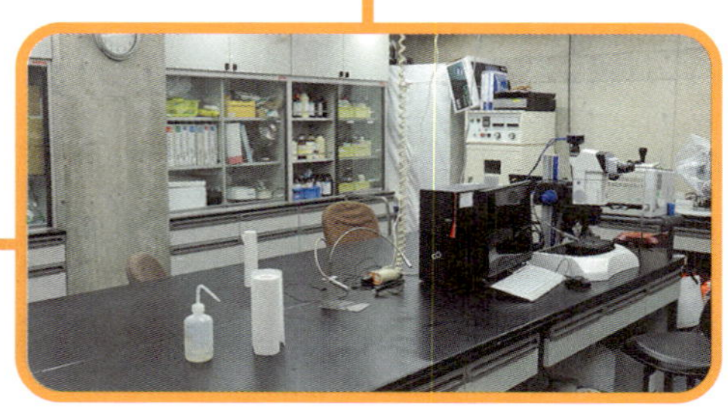

普段は立ち入ることができない施設の裏側のことで、ここに水族館の秘密がたくさん隠されています

水族館の「バックヤードツアー」に参加したことはありますか？ 「バックヤード」とは、普段は来館者が立ち入ることができない施設の裏側のこと。ところがこの裏側にこそ、施設自体や飼育・展示、繁殖、研究などの秘密が隠されています。表の水槽には来館者のみなさんに見てもらうためにいろいろな生き物が展示されていますが、その生き物のエサを作り、状態を管理し、また次世代につなぐ卵を産ませ育てているところがバックヤードなのです。もちろん施設自体の

解説員ごんべえズガイドは事前の予約が必要な有料のツアーですが、毎日開催しています。「水生生物保全センター」に入れるのはこのツアーだけです
(写真：アクアマリンふくしま)

解説員ごんべえズガイドでもう1つ開催している「大水槽バックヤードツアー」。潮目の海の大水槽をさまざまな角度から見ることができます
(写真：アクアマリンふくしま)

「潮目の海」で解説を行っているのもごんべえズです

裏側にもなりますから、各地の海から採集してきた魚たちを運び込んだり、水温や水流を管理する秘密もここでわかります。バックヤードを見てこそ、水族館と、そこにいる生き物たちの知識が深まるというもの。参加しないという選択肢はありません。

アクアマリンふくしまの場合、このバックヤードツアーが２種類あります。１つはボランティアの方々が担当しているツアーで、約30分かけてバックヤードを案内してくれます。もう１つは解説員「ごんべえズ」が案内してくれるツアーで、約30～45分かけてバックヤードをじっくり見せてくれます。

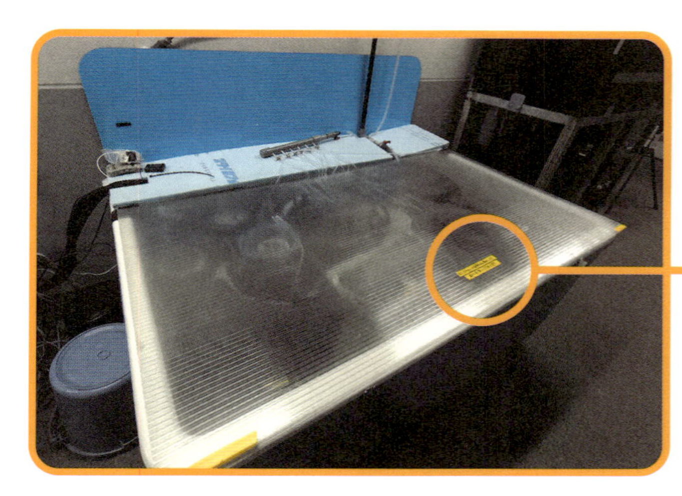
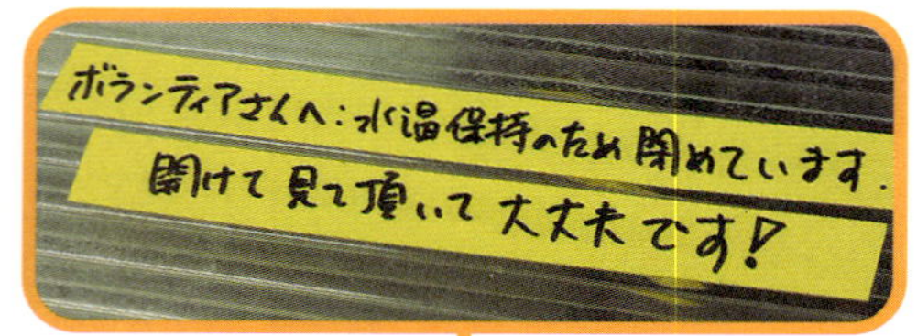

ボランティアの方々が解説してくれる無料のバックヤードツアーは当日申し込むことができ、「親潮アイスボックス」のバックヤードも見ることができます

バックヤードに置かれた水槽の中にいたのは、「ナメダンゴ」をはじめ親潮アイスボックスで展示されている冷たい海の生き物の赤ちゃんたち。この水槽はまだ小さい生き物を飼育するためのものだったのです

ごんべえズとは、2023（令和5）年の3月から活動を始めた生き物に関する豊富な知識をもった解説員のこと。「潮目の海」で「黒潮水槽」の生き物たちの生態や見分け方を解説してくれるのもごんべえズです。

ボランティアの方々のバックヤードツアーでは、「親潮アイスボックスのバックヤード」「親潮水槽上部」「実験室」「調餌室」「サービスヤード」「ろ過槽」を見て回ります。ごんべえズのバックヤードツアーは「実験室」「調餌室」「サービスヤード」は同じですが、「サンマ」や深海生物などの繁殖などを行う「水生生物保全センター」に入れるのが実に魅力的です。水族館の秘密に

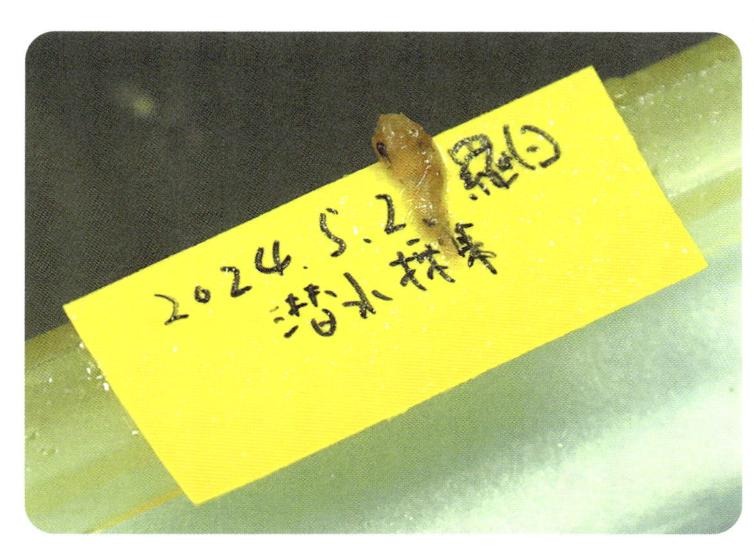

潜水採集で採られたナメダンゴの赤ちゃん。生まれてから4カ月経っても、体長はまだ5mmほど。約1年かけて体長1cmほどに成長します

通常のルートではこのかわいいナメダンゴたちを、ガラス越しにしか見ることができません。しかしバックヤードツアーなら、直に見ることができるのです。これだけでもバックヤードツアーに参加する価値がありますよね

迫りたければ前者、水族館での生き物の繁殖の秘密に迫りたければ後者……いや、時間があれば両方参加すべきでしょう。疑問に思うことがあればボランティアやごんべえズにその場で質問することもできますので、知識がさらに深まります。

　バックヤードツアーは水族館によって実施している曜日や時間がかぎられています。言い換えれば、訪れた水族館でバックヤードツアーが開催されていて、参加人数に空きがあれば、すごくラッキーなことなのです。ぜひツアーに参加して、水族館や生き物たちの知識を深めてくださいね。

施設や展示の疑問にズーミング！ No.7

水が汚れたらどうするの？海からもってくるの？

「キアンコウ」がいる「ふくしまの海～大陸棚への道～」の水槽の中。どの水槽を見ても水が汚れているのを確認できません

Zooming

黒潮水槽のキレイな海水の中を優雅に泳ぐ「カラスエイ」。汚れていないのは常に海から海水を補給しているからなのでしょうか？

海から新しい海水を補給していますが、普段は汚れた海水をろ過槽でキレイにして再利用しています

水族館が海の近くに多いワケ、わかりますよね。海の生き物たちを飼育するのに、大量の海水を必要とするからです。特に大水槽は、水の量が膨大になります。たとえばアクアマリンふくしまの「潮目の海」の大水槽は水槽容量が2,050トンで、これは学校にある25mプールの約5杯分です。とてもクルマで運んでこれる量ではありません。

これが大水槽の海水をろ過する開放式ろ過槽です。自然の重力を利用してろ過する装置で、「重力式ろ過システム」ともいいます

Zooming

ふたを開けると、大水槽からろ過槽に送られてきた海水が勢いよく吹きだしています。重力式は、システム的にはシンプルな方式です

「潮目の海」の大水槽には水族館から3kmほど離れた場所から海水をひき、1時間で約6トン、1日で約144トンを補給しています。しかし同時に「ろ過槽」という装置を使って汚れた水をキレイな水に変え、再利用しています。こうしたろ過装置がバックヤードには複数設置されていて、ろ過槽とつながれた水槽の中の水を24時間、キレイにし続けてくれているのです。

密閉式ろ過槽と開放式ろ過槽の違い

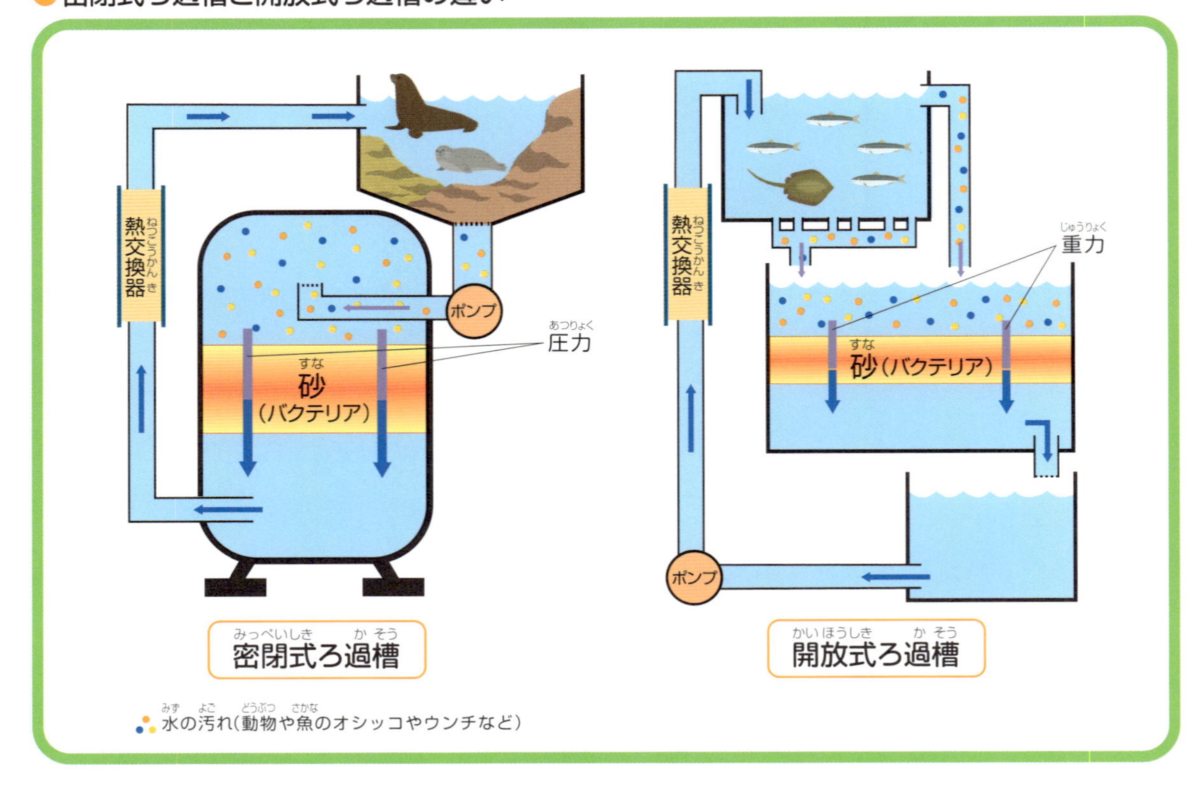

これが海獣用の密閉式ろ過槽です。圧力を作りだすための「ポンプ」が必要になります。そのぶん、システム的には少し複雑です

なお、ろ過槽には「密閉式ろ過槽」と「開放式ろ過槽」があって、大量のオシッコやウンチをだす大型海獣の水槽は、汚れた水を砂の間を通すのに圧力が必要になってくることから、使われているのは密閉式ろ過槽です。これに対してオシッコやウンチの量が少ない魚たちの場合は、使われているのは自然の「重力」を利用する開放式ろ過槽です。オシッコやウンチの量で使い分け、ということでしょうか。

ろ過槽で大きな役割を果たしているのが、「砂」と砂に棲みついている「バクテリア」です。砂

ろ過槽の周りには、水を循環させるためにめぐらされたパイプやポンプなどもあります

水族館では水温を調整するための設備（左）や、波を作りだすための装置（右）なども重要です。こうした設備や装置を動かすには大量の電気が必要になるので、電気の供給が止まると大変なことになります（62ページ参照）

はゴミを取り除く役目を果たし、バクテリアは生き物たちのオシッコやウンチに混ざっているアンモニアを分解する役目を果たします。そのあと殺菌したり、残った汚れを取ったりして、キレイになった水を水槽に戻します。

このほかバックヤードには、水温を調整する装置、水流を発生させる装置などが設置されていて、これらが24時間、働いているからこそ、水族館の生き物たちはいつも元気な姿を私たちに見せてくれるのです。

施設や展示の疑問にズーミング！ No.8

水族館で魚が食べられるってホント？

多くの水族館では今、SDGsの目標の1つ、「海の豊かさを守ろう」について学び、考えるための展示が行われています。アクアマリンふくしまでも「漁場から食卓まで」のコーナーで、昭和のころの食卓の様子が再現されていました

Zooming

資源量を気にせずに利用していた時代の食卓の様子です。「アジの開き」が中心に置かれています

SDGs目標14「海の豊かさを守ろう」について学ぶための1つの手段として魚料理を提供しています

水族館で魚を観察しているうちに、つい「おいしそう！」と思ってしまったことはありませんか？　日本人は昔から魚を食べることが多く、生の魚を食べる習慣をもたなかった世界の人々も、今では「寿司（Sushi）」を食べるのが日本を訪れる楽しみの1つだといいます。

アクアマリンふくしまの「潮目の大水槽」の前で、土・日・祝日のみ営業している寿司処「潮目の海」（写真上：アクアマリンふくしま）

寿司で使われるネタは資源量が安定した魚が中心。なぜこの魚なのかを考えるきっかけとなるポイントの１つです（写真上：アクアマリンふくしま）

ただ、世界の人口が増え、普段から魚を食べる人が増えたことにより、魚の資源量がどんどん減っているのも事実です。特にサンマ、スケトウダラ、マアジ、マイワシ、マサバおよびゴマサバ、ズワイガニ、スルメイカの７種は、政府が漁獲可能量を定め、管理を強化しているほど。このままでは大好きな魚を食べられなくなる日がくるかもしれません。

今、世界では「SDGs（エスディージーズ）」という目標をかかげ、人々がこの地球で暮らしていくための「持続可能な世界」を実現するための方法を考え、実行しています。このSDGsの14番目の目標が「海の豊かさを守ろう」です。この目標を達成するために水族館でもさまざまな教育的な取り組みが行われています。アクアマリンふくしまの「潮目の海」を前に寿司を食べるという試みもその１つです。

「潮目の海」を前に、泳ぐ魚を観察しながら寿司をいただきます。寿司処の隣のスペースで座って食べることもできますよ

2024年9月8日（土）来館時の、「潮目の寿司 8貫」。ぜひ「潮目の海」の前のカウンターで食べてみてください

水槽の中で優雅に泳ぐ魚を見ながら、そこにいる魚の仲間の「ネタ」を使った寿司を食べるというのは、ちょっと不思議な気がして、罪悪感を感じるかもしれません。ただ今後もずっと寿司を食べ続けるためには、魚たちを、海の豊かさを守っていかなければいけません。そのことを学んでほしいとの思いから、この試みがなされているのです。

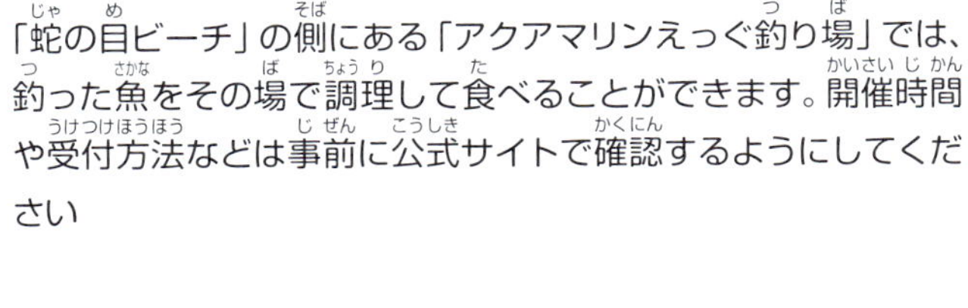
「蛇の目ビーチ」の側にある「アクアマリンえっぐ釣り場」では、釣った魚をその場で調理して食べることができます。開催時間や受付方法などは事前に公式サイトで確認するようにしてください

Zooming

釣り体験では、釣った魚を唐揚げにして食べることができます。なお“命をいただく意味”を学ぶために、残さず食べることが釣り体験の参加条件になっていますので、お腹をすかせた状態で参加しましょう（写真：アクアマリンふくしま）

そのほかアクアマリンふくしまでは、自分で釣った魚をその場で調理して食べることで、命をいただく意味を実感する「命の教育」プログラムなども実施しています。こうした体験を通して、命のつながりやありがたさについて考えてみてくださいね。

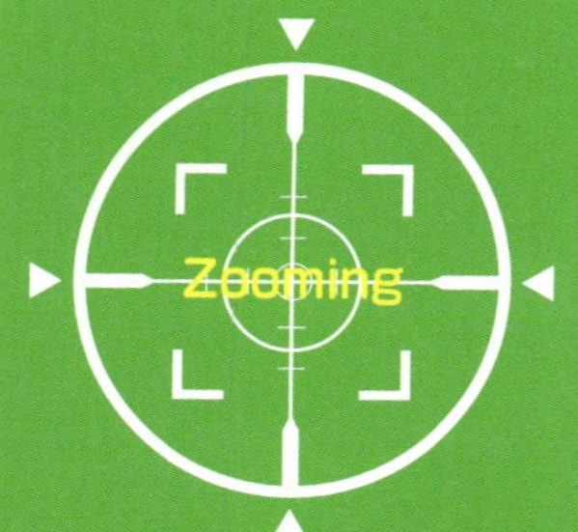

第2章

飼育やパフォーマンスの疑問にズーミング！

62ページ

No.5　大地震が起きたら生き物たちはどうなるの？

48ページ

No.2　水槽の中の掃除やエサやりって難しいの？

56ページ

No.4
どうして水族館で昆虫を展示しているの？

52ページ No.3
どうして水族館で陸の生き物を展示しているの？

パフォーマンス

66ページ No.6
すごいパフォーマンスができるのはなぜ？

70ページ No.7
エコロケーションってどれだけスゴイの？

74ページ No.8
アシカとアザラシってどう違うの？

44ページ
No.1　水槽の中でほかの生き物を食べたりしないの？

飼育やパフォーマンスの疑問にズーミング！ No.1

水槽の中でほかの生き物を食べたりしないの？

黒潮水槽では、カツオをはじめとする大型の魚といっしょに、小さなマイワシなども飼育されています。マイワシが大型の魚に食べられ、減ってしまうことはないのでしょうか？

Zooming

潮目の海は親潮水槽（左）と黒潮水槽（右）に分かれ、「潮目」を表す三角形のトンネルで区切られています

生態系を表現しながらも、エサやエサやり方法を工夫して、水槽内でいっしょにいられるようにしています

海の中を再現した大水槽では、大小さまざまな魚が飼育展示されています。たとえばアクアマリンふくしまの「潮目の海」の「黒潮水槽」では「カツオ」や「メバチ」「キハダ」などの大型の魚が飼育展示されていますが、同じ水槽内には自然界でこれらの魚のエサとなる「マイワシ」もいます。食べられて、減ってしまうことはないのでしょうか？

「ふくしまの川と沿岸」から歩いていくと、水流にさからって泳ぐマイワシの群れを間近で見ることができます

カツオやキハダが飼育されている水槽の中には、自然界ではこれらのエサとなるマイワシもいます

このため水槽の中の魚をうまくコントロールするためのエサやりが、とても重要になってきます。なおエサの時間には、カツオがエサに興奮して黒くて太い横縞が現れるのを観察することもできますよ

大水槽では海の中の生態系を表現するために、さまざまな生き物を同じ水槽内で飼育していますが、生き物の食性や口の形、泳ぎ方などをよく見て、それぞれにあったエサとエサやり方法でお腹をいっぱいにさせているため、自然界と同じように大きい魚が小さい魚を襲うことは少ないとか。水族館で飼育されている生き物の命の重さはみんな同じなので、こういう話を聞くと安心できますね。なお黒潮水槽のエサの時間には、カツオの体に普段ない黒くて太い横縞が現れるのを観察することができます。こうした新しい発見もあるので、生き物がエサを食べているところを見ることがあれば、じっくり観察してみましょう。

ミズダコはなんでも食べ、ときに仲間すら食べてしまう共食いの習性をもつため、1匹でしか展示することができません

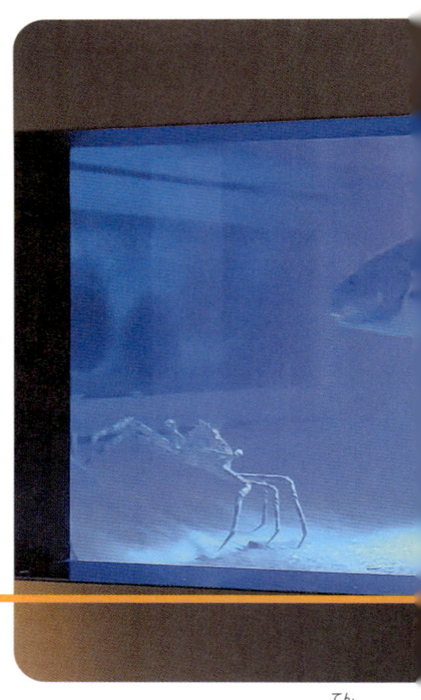

アブラボウズとタカアシガニが展示されている水槽では、ほかの生き物を見ることができません。入れると食べられてしまうからです

Zooming

タカアシガニはなんでも食べる獰猛な甲殻類ですが、さすがにアブラボウズには手をだすことができません

なお水族館で飼育されている生き物のなかには、ほかの生き物といっしょに水槽に展示するのが難しいものもいます。なんでも食べ、ときに仲間すら共食いする「ミズダコ」は、単体でしか展示できません。ギンダラ科の仲間で深海に生息する大型の魚「アブラボウズ」も同じで、ほかの生き物といっしょに入れることができません。ただ、例外がいます。それが硬い甲羅をもつ「タカアシガニ」などの甲殻類です。タカアシガニもまたなんでも食べる獰猛さをもつ深海の生き物で、脚を広げると3～4m以上にもなる世界最大のカニです。

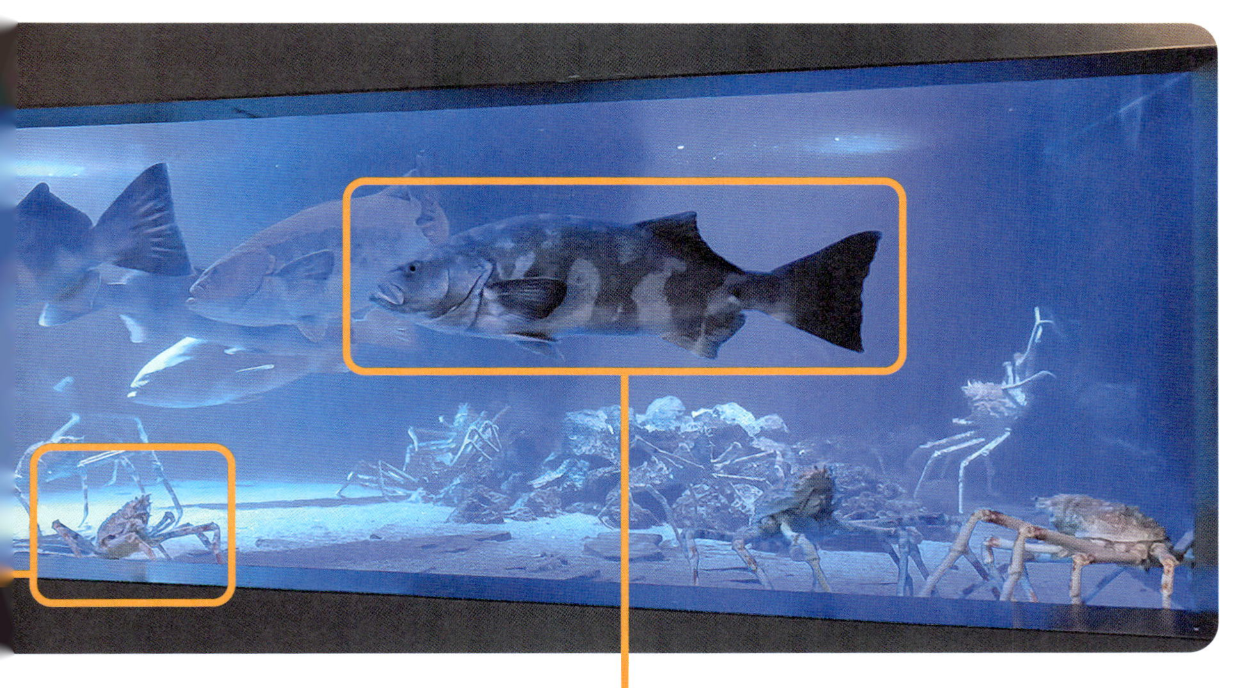

Zooming

アブラボウズもなんでも食べてしまう魚ですが、大きくて硬い甲羅をもつタカアシガニだけは手がでません。このためお互い“仲良く？”水槽の中で過ごしています

アクアマリンふくしまではこの２種は、「ふくしまの海～大陸棚への道～」という水槽の中で“仲良く？”過ごしています。お互い手をだせる相手ではないことがわかっているようで、争うこともなく、水槽の中でおとなしく過ごしていました。

水族館で展示を見る際、なぜこの水槽には１種類の生き物しかいないのか、なぜこの組み合わせになっているのか、疑問に思ったらぜひ近くの飼育員に尋ねてみてください。海の中の生き物の生態に関する新しい発見があるかもしれませんよ。

飼育やパフォーマンスの疑問にズーミング！ No.2

水槽の中の掃除やエサやりって難しいの？

水槽内でブクブクという空気の泡が見えたら、近くまで行ってみましょう。飼育員が掃除やエサやりをしているシーンを見ることができますよ

「サンゴ礁の海」でホースを使って掃除をする飼育員。ホースの先端に掃除機のヘッドや底を抜いたペットボトルをつけて掃除をすることもあります

道具を工夫することで、ある程度は自在に動くことができます

プールで水の中に潜り、同じ場所にとどまっているのって、結構難しいですよね。水の中では「水圧」があらゆる方向からかかってきますし、深くなればなるほど、水圧は大きくなります。海の中を再現した水族館の大水槽の中は、水圧もそれなりに大きく、動き回るのは大変です。また水槽の中では、「水流」も再現されています。水流は生き物たちにキレイな水や酸素を届けるだ

Zooming

サンゴのエサやりの様子。「サンゴ用給餌ボトル」を押すと先端からエサがでるようになっています

Zooming

岩から顔をだすウツボ。噛まれたら大変なので、掃除やエサやりでは注意が必要です

「潮目の海」では、来館者の前でスポンジを使ってガラスの掃除をする飼育員を発見！　飼育員にまとわりついている「カラスエイ」は尾に長い毒針をもつので、見ていて少し心配になります

けでなく、水流を利用して動く習性をもつ魚たちの生存を助ける、なくてはならないものです。

そんな水槽の中で掃除をしたり、エサをやったりするのはかなり大変です。しかも水槽内には人間にとって危険な生き物もいます。たとえばアクアマリンふくしまでは、噛む力が強いウツボや尾に毒針をもつカラスエイなどを飼育しているのです。どのような工夫・注意をして掃除やエサやりをしているのでしょうか？

左がウェットスーツで、右がドライスーツです。ウェイトベストやウェイトベルト、アンクルウェイトなどの重りで水に浮かないよう工夫します

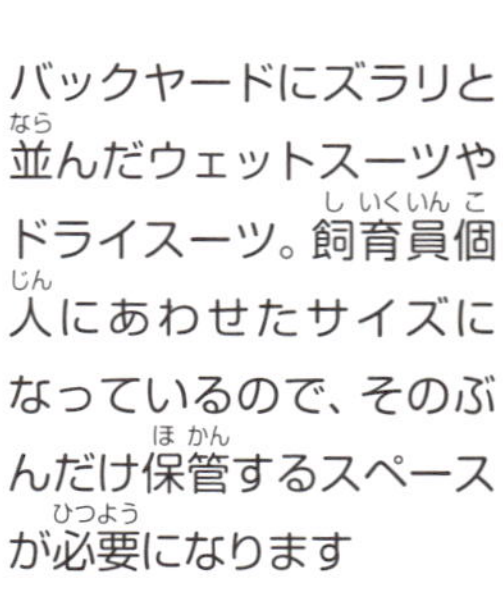

バックヤードにズラリと並んだウェットスーツやドライスーツ。飼育員個人にあわせたサイズになっているので、そのぶんだけ保管するスペースが必要になります

水槽の中で掃除やエサやりをするには、「ウェットスーツ」か「ドライスーツ」を着ます。ドライスーツはサイズがあわないと中に水が入ってきます。このためバックヤードには飼育員専用のウェットスーツやドライスーツがズラリと並んでいました。スーツを着たらフードやマスク、ウェイト（重り）などを装備するのですが、これだけの重装備でも体はまだ不安定なままです。そこで登場するのが「吸盤」という“ひみつ道具”です。掃除するときは吸盤をガラスや床に押しつけて吸いつき、移動するときは吸盤にあるポッチを指でひっかけてガラスと吸盤のすきま

水槽のガラスや床にくっついて掃除するのに欠かせない道具がこの吸盤です。吸盤を使うことで、水流がある水の中でも、体を固定して作業することができます

Zooming

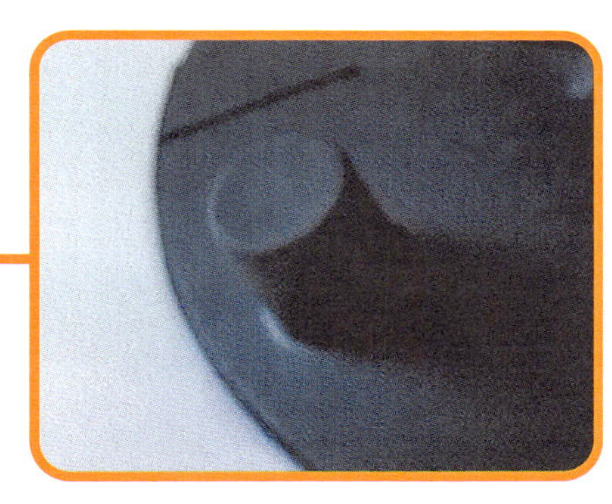

吸盤の秘密はこのポッチにあります。ポッチを指でひっかけてガラスと吸盤のすきまに水を入れると簡単に外れるので、片手で掃除しながら、自在に動くことができるのです

に水を入れると外れるという、まさに“ひみつ道具”そのもの。これで水槽の中を自在に動いて掃除やエサやりができるようになります。

なお掃除やエサやりのときに生き物に噛まれたり、刺されたりしないように、生き物の習性を考えながら掃除をするのも重要だそうですよ。

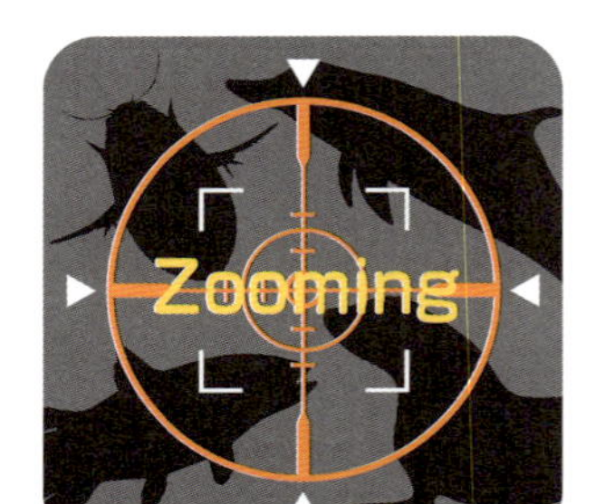

飼育やパフォーマンスの疑問にズーミング！ No.3

どうして水族館で陸の生き物を展示しているの？

生態系は陸や海など、そこにいるすべての生き物によって作られているので分ける必要はないのです

水族館ではおもに、川や湖、沼、海などの水中で生活する生き物を飼育しています。でも哺乳類や鳥、昆虫などの陸の生き物がいる水族館もありますよね。また動物園でも、海の生き物を飼育しているところがあります。これはなぜでしょうか？

その理由は、水族館も動物園も同じ役割と目的をもって運営されているからです。それが下に示した、「種の保存」「教育・環境教育」「調査・研究」「レクリエーション」の4つです。

さらに地域に根ざした水族館や動物園では、その地域ならではの生き物や生息環境、それらか

水族館や動物園の役割

(1) 種の保存：野生動物たちが絶滅しないよう飼育や繁殖を行い、種を守っていく

(2) 教育・環境教育：野生動物たちがどのような環境で生きているのか、動物たちを守るためにはどのような行動をしたらいいかを知ってもらう

(3) 調査・研究：飼育で得た知識・経験をためていき、種の保存や野生動物の保全に役立てる

(4) レクリエーション：勉強や仕事、家事などでたまった日常の疲れを癒し、楽しみながら生き物を通して命の大切さと生きることのすばらしさを学んでもらう

絶滅が危惧され、世界各国の水族館や動物園で繁殖が試みられている「ユーラシアカワウソ」。かつて日本にも、この種に近い仲間の「ニホンカワウソ」が生息していました

Zooming

希少なカワウソの絶滅を防ごうと、ユーラシアカワウソの水槽の側では、「最後のニホンカワウソ」の写真展示が行われていました。ニホンカワウソは絶滅してしまいましたが、世界の宝は守っていかなければいけません

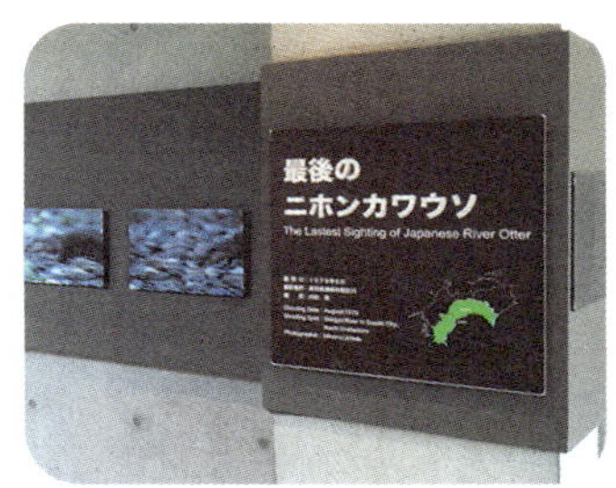

ユーラシアカワウソの展示が行われているのは、わくわく里山・縄文の里の一角です。「自然との共生」を表現している里山の展示にカワウソの展示があるのは、ニホンカワウソがこのような場所に生息していたことを考えてほしいとの思いからでしょう

ら生みだされた文化を守っていかなければいけない、という思いもあります。日本ではほとんどの都道府県が海に面し、また山や森林、川、湖などの豊かな自然に恵まれていますので、その地域の教育施設の役割を果たすには、陸と海の生き物を区別する必要はないのです。

たとえばアクアマリンふくしまには「わくわく里山・縄文の里」という展示コーナーがあり、縄文時代の自然を表現した展示が行われています。その時代に生きていた「縄文人」と呼ばれる人々にとっても自然の水の流れは、生活を支え、命を守る大切なものでした。それは陸の生き物たちも同じだったはずで、人と自然のバランスがうまくとれていた時代ともいえるのです。それを今の子供たちに見てもらおうというのがこのコーナーの目的で、その時代にも身の周りにたくさんいた「ホンドタヌキ」や「ニホンアナグマ」、「キジ」などが展示されています。

わくわく里山・縄文の里の一角で、大勢の来館者が立ち止まっていました。ここにはどんな生き物がいるのでしょうか？

Zooming

再現された巣穴の中にいたのは、穴掘りを得意とするニホンアナグマでした。しばらく観察し続けると、土を掘るところを見られるかもしれません

アナグマが掘った穴をタヌキが使うこともあることから「同じ穴のムジナ」ともいわれますが、目元を比べると違いがすぐわかります。アナグマはすごく特徴的な目元をしていますよね

こうした陸の生き物の展示に驚かれる来館者の方もいるそうですが、「生態系は、陸の生き物、土の中の生き物、海や川の生き物など、そこにいるすべての生き物によって作られ、維持されています。各コーナーの展示にはきちんとした目的があるので、その目的にあった生き物であれば、陸だけとか海だけとか分ける必要はないんですよ」と古川館長が教えてくれました。

アナグマの隣で飼育されているのはホンドタヌキ。これはエサやりのシーンで、食べているのはニンジンでした

ホンドタヌキの目元はイヌに似ています。耳の形もニホンアナグマとはちょっと違いますよね

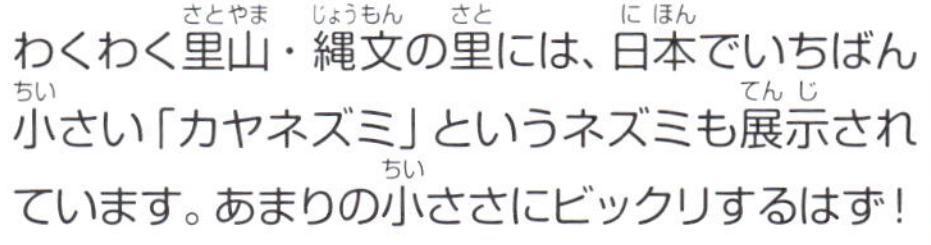

わくわく里山・縄文の里には、日本でいちばん小さい「カヤネズミ」というネズミも展示されています。あまりの小ささにビックリするはず！

2022年に新種として記載された「イワキサンショウウオ」も展示されています。福島県内ではいわき市周辺でしか生息が確認されていない、希少な生き物です（写真：アクアマリンふくしま）

水族館や動物園には、さまざまな展示コーナーがあります。生き物だけでなく、生態系を含めて見てもらいたいというコーナーもいっぱいあるのです。生態系がどういうものか理解できればきっと、古川館長の言葉がわかるようになると思いますよ。

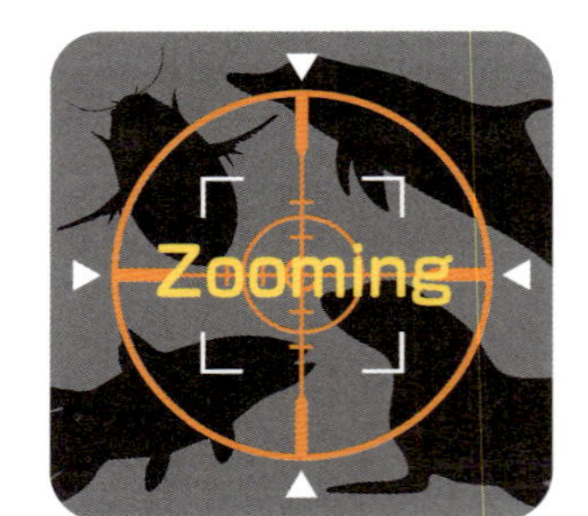

飼育やパフォーマンスの疑問にズーミング！ No.4

どうして水族館で昆虫を展示しているの？

磐梯山の水源から水を引き、さまざまな生き物の飼育に役立てているカワセミ水族館。2階の常設展では「おもしろ箱水族館・生物多様性の世界」として、福島県内の水生昆虫や両生類などを展示しています

Zooming

水生昆虫を通して、水の中の生態系とその現状などを学べるようにするためです

日本には発見されているだけで約３万２千種の昆虫が生息しています。そのなかには「水生昆虫」という、生きている間、水中や水面で多くの時間を過ごす昆虫たちがいて、昔は田んぼや浅い水辺などでタガメやゲンゴロウなどを探すのが、夏休みの楽しみの１つでした。しかし近年は生息地の減少や気候変動、外来種による影響、太陽光発電などによる自然環境の消失により水生昆虫の数が大きく減ってしまい、地域によっては絶滅してしまったものもいます。

冬は魚やカエルの仲間などが冬眠している姿を見ることができます。館内に空調設備を設置していないことを活かした生態展示です（写真：カワセミ水族館）

枯れ葉や草の中などで冬眠するカエル（右上はアズマヒキガエル）もいれば、「水中越冬」という水の中で冬眠するカエル（右はタゴガエル）もいて、驚くこと間違いなしです（写真：カワセミ水族館）

Zooming

夏の訪問時、水族館前の池ではたくさんのトンボ（写真はノシメトンボ）が飛び交っていました。トンボも水生昆虫の１種で、水族館の中と外でさまざまな水生昆虫を観察できるのは、昆虫好きにはたまらないはず！

こうした現状と、「水の中の生態系をもっとよく知ってもらいたい」との思いなどから、身近な水生昆虫を展示している水族館は全国に複数あります。たとえば福島県猪苗代町にある「アクアマリンいなわしろカワセミ水族館（以下、カワセミ水族館）」では、県内に生息する希少な川魚や両生類、野鳥などとともに、水生昆虫を展示していますが、なかでも圧倒されるのがゲンゴロウの展示。なんと約40種類もの大小さまざまなゲンゴロウが、１種類ずつ20cmキューブの水槽に入れられて展示されているのです。

ヒラサワツブゲンゴロウとバンダイホソガムシの展示水槽。前者は2020年に県内の平伏沼で、後者は2021年に磐梯山の麓で発見された新種の水生昆虫です

Zooming

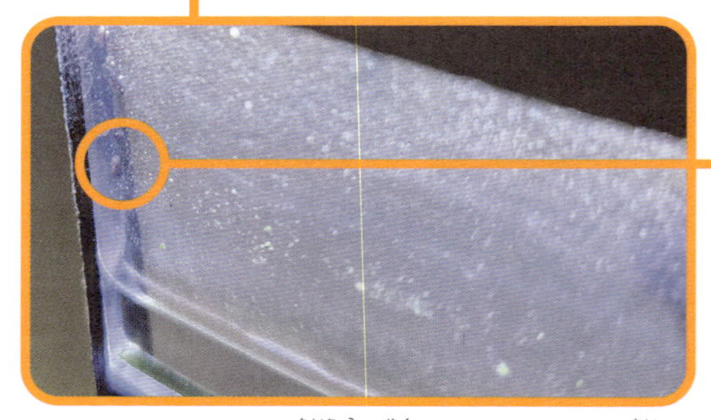

バンダイホソガムシは体長が約2.7mmのとても小さな水生昆虫なので、目をこらして水槽内をじっくり探しましょう

バンダイホソガムシの拡大写真。この発見で、日本国内のホソガムシは全5種となりました（写真：カワセミ水族館）

漢字で「源五郎」と書くゲンゴロウは、昔は全国どこでも見ることができる、水生昆虫の代表的な存在でした。ところが現在ではその数が大きく減ってしまい、絶滅危惧種になってしまいました。このため水族館を中心に、「生息域外保全」という、その種を保全し、絶滅を防ぐための飼育・研究が行われています。カワセミ水族館もその１つです。

ただ水生昆虫の展示に力を入れる過程で、２つのすばらしい出来事がありました。福島県内でゲンゴロウとホソガムシの新種を発見したのです。

ヒラサワツブゲンゴロウの展示水槽の隣には、ゲンゴロウの仲間では世界最大の「オウサマゲンゴロウモドキ」も展示されています。ヒラサワツブゲンゴロウの10倍以上あるので、比較するとビックリするはず

ヒラサワツブゲンゴロウの拡大写真。ツブゲンゴロウ属の仲間で、2021年には三重県でもこの属の新種が発見されています（写真：カワセミ水族館）

発見したのは、現在はカワセミ水族館の副館長を務めている平澤桂さんで、顕微鏡を使って採集した水生昆虫を調べているうちに、従来の種とは明らかな違いがあったことから、「新種なのでは？」と思ったそうです。そしてこの属の専門家の方々に渡してさらなる研究を進めてもらった結果、新種であることが判明しました。その後、専門家の方々が、発見者である平澤さんの名前を和名の一部に使い、「ヒラサワツブゲンゴロウ」と名づけたのです。

新種のホソガムシの和名は平澤さんが磐梯山の名前を取って「バンダイホソガムシ」と名づけ、ヒラサワツブゲンゴロウやほかの水生昆虫たちとともに展示されています。近年発見された新種に出会えると思うだけでも、ワクワクしてきますよね。

Zooming

水槽右側に用意された石の隙間がお気に入りのようで、よくここで毛の手入れをしています

生息環境を再現したカワネズミの水槽

水の中でイワナたちを追いかけるカワネズミ。何度も通うと、こうしたシーンにめぐりあうことができるかもしれませんよ（写真：カワセミ水族館）

カワネズミは「銀ネズミ」とも呼ばれ、渓流で釣りをする人にはよく知られた存在なのだとか（写真：カワセミ水族館）

磐梯山の周辺は国立公園に指定されるほど、キレイな川の流れや湖、沼などに恵まれた地域です。この水源から水を引いて飼育・展示に役立てているカワセミ水族館には、日本でここでしか見られない貴重な生き物がいます。それが「カワネズミ」と「カワガラス」です。

カワネズミはネズミではなくモグラの仲間です。冬になっても冬眠せず、寒い雪の中でも元気に冷たい水中で魚を追いかけます。ただ水の汚れに弱いため生態展示がとても難しいのですが、カワセミ水族館では磐梯山からの冷たい水を活かして生息環境を再現することで、この問題を見事に解決しています。山の中の水族館ならではの生態展示といえるでしょう。

渓流を再現して作られた鳥たちの展示水槽では、カワガラスをはじめ、水族館の名前の由来にもなった「カワセミ」や「キセキレイ」も飼育展示されています

Zooming

カワガラスに挟まれるかたちで展示されているカワセミ。この場所がお気に入りになってしまったようで、水槽の別の場所に移すことができないのだとか

（写真：カワセミ水族館）

カワガラスは泳ぐのが大好きな鳥なので、カワネズミ同様、通い続けると泳ぐ姿をカメラで撮ることができるかも（写真：カワセミ水族館）

　スズメの仲間で唯一水中に潜り、走り、泳いでエサを捕るカワガラスも同様に、生息地の渓流を再現した展示水槽で飼育されています。運がよければカワネズミやカワガラスがエサを捕る瞬間にめぐりあうことができるかもしれません。

　このように海の近くの水族館、山の中の水族館、それぞれで違う生態系を観察し、さまざまなことを学ぶことができるのです。ぜひ新しい発見を探して各地の水族館を訪れてみてくださいね。

飼育やパフォーマンスの疑問にズーミング！ No.5

大地震が起きたら生き物たちはどうなるの？

Zooming

アクアマリンふくしまの地震直後の様子。本館自体は固い地盤に杭が打ち込まれて造られているので無事でしたが、入館口前などでは地盤沈下が起きました（写真：アクアマリンふくしま）

地盤沈下で壊れてしまった「BIOBIOかっぱの里」の通路。このほか駐車場では液状化も起きました（写真：アクアマリンふくしま）

水族館同士のつながりで大切な命を救おうと全力を尽くします

第1章の12ページで解説したとおり、2011（平成23）年3月11日に起きた東日本大震災で、福島県いわき市にあるアクアマリンふくしまはマグニチュード9の大地震とそれに続く津波に襲われ、水族館の機能に深刻なダメージを受けました。幸いなことに100人ほどの来館者、80人ほどの職員・ボランティアの方々に被害はありませんでしたが、大地震のあとに起きた大規模な停電によって、水槽内の水の循環や水温の調節ができなくなってしまったのです。

東日本大震災が起きた当時、アクアマリンふくしまは小名浜港で「アクアマリンうおのぞき」という子ども漁業博物館を運営していましたが、津波が押し寄せすべての設備を壊してしまいました（写真：アクアマリンふくしま）

水没した本館の地下施設。設備が水に浸かってしまうと漏電の危険がでてくるため、電気が使えなくなってしまいます（写真：アクアマリンふくしま）

大きな被害にあった水生生物保全センター（左）と、金魚の予備水槽（右）。設備が傾いたり、動いてしまっているのがわかります（写真：アクアマリンふくしま）

施設自体に深刻な被害を受け、電気を使うことができない状況では生き物たちを救うこともできず、大半の生き物の命をあきらめるという決断に迫られることになりました。日々、生き物たちの世話をしてきた飼育員やそれを支えてきたボランティアの方々の悲しみは、想像できないほど深いものだったはずです。ただそのなかでも救いはありました。せめて海獣や海鳥たちだけでも救いたいと、千葉県鴨川市にある「鴨川シーワールド」から申し出があり、緊急避難することが決定したのです。

東日本大震災での水族館・動物園同士の連携

アクアマリンふくしま

3月16日：
ゴマフアザラシのメス「くらら」、
タイヘイヨウセイウチのオス
「ゴオ」とメス「ミル」を鴨川に避難

鴨川シーワールド

3週間後：ゴマフアザラシの
「くらら」が「きぼう」を出産
6月26日：「くらら」と「きぼう」が
母仔そろって仲よく福島に帰る
7月9日：「ミル」と「ゴオ」が福島に帰る
※「きぼう」の名は7月15日の再オープン時に
発表されました

Zooming

3月16日、鴨川シーワールドに向けて搬出されるタイヘイヨウセイウチ。水族館同士の連携で、貴重な生き物の命が救われていきました（写真：アクアマリンふくしま）

鴨川シーワールドからトラックがアクアマリンふくしまに到着したのは、5日後の3月16日のこと。余震が続き、道路が至るところで封鎖されるなか、両水族館の飼育員たちが力をあわせてセイウチやアザラシなどの海獣たちを搬出し、無事、鴨川シーワールドへと避難させることに成功したのです。さらにユーラシアカワウソは東京都の「上野動物園」に、それ以外の生き残った魚たちは東京都の「葛西臨海水族園」や新潟県の「マリンピア日本海」に避難させました。ほかにも神奈川県の「新江ノ島水族館」や静岡県の「伊豆・三津シーパラダイス」などが、避難した生き物たちの飼育に協力しています。

アクアマリンふくしまの再オープンを目指し、「潮目の海」の大水槽の復旧に励む職員たち（写真：アクアマリンふくしま）

施設の復旧が完了したあと、避難していた生き物たちが戻され、またほかの水族館からやってきた生き物たちが補充されていきました。こうして震災からわずか126日後、アクアマリンふくしまは再オープンすることができたのです（写真：アクアマリンふくしま）

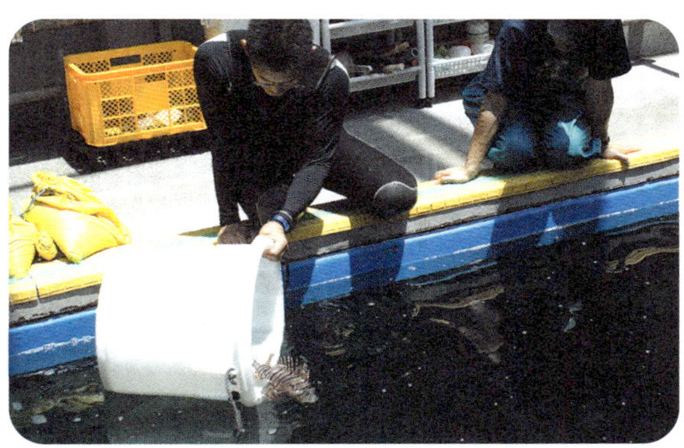

さらに日本動物園水族館協会のネットワークを通じて魚たちの補充を全国各地の水族館・動物園に呼びかけました。そして東日本大震災から126日後の7月15日、職員が力をあわせて再オープンさせたアクアマリンふくしまで、新たに補充された魚たちなどとともに、生き残った海獣や海鳥、魚たちは、来館者の前に元気な姿を見せてくれたのです。

大地震が起きれば、その規模に応じてどうしても犠牲はでてしまいます。ただそうした状況のなかでも、飼育されている生き物たちを救おうとする飼育員や、それを支える水族館・動物園同士のつながりがあることは、ぜひ覚えておいてくださいね。

飼育やパフォーマンスの疑問にズーミング！ No.6

すごいパフォーマンスができるのはなぜ？

シャチのジャンプ。トレーナーが合図をしてシャチが水の中に潜ったら、飛びでる瞬間を見逃さないようにしましょう

（写真：鴨川シーワールド）

ジャンプして豪快な水しぶきを上げて落ちる「ブリーチング」。ブリーチングは仲間に自分の存在を知らせたり、寄生虫を落とすためなど諸説ありますが、こうした習性を活かすかたちでパフォーマンスが組み立てられていきます

トレーニングを通して長い時間をいっしょに過ごし、気持ちを探りながら種目を完成させます

水族館のなかには、海獣や魚たちの「パフォーマンス」を通じて、その生物が本来もつ能力の一部を見せてくれるところがあります。千葉県の「鴨川シーワールド」もその１つで、「シャチ」や「ベルーガ」「アシカ」たちが目の前ですばらしいパフォーマンスを繰り広げてくれるので、子供から大人までみんな大喜び！　なかでも夏の「オーシャンスタジアム」でシャチがその巨大な尾びれで観客席に向かって海水を豪快に浴びせかける「テールバースト」の瞬間は、大歓声がスタジアムの外まで響きわたります。「サマースプラッシュ」という、暑い時期だけのズブ濡れイベントの１つですが、あえてズブ濡れになりたくて何度も通う人もいるのだとか。

Zooming

尾びれを使ったテールバーストで観客席に海水を浴びせかけているシーン。販売されているポンチョ、または持参の雨ガッパを着ていないと、前や中間の席ではずぶ濡れになってしまいます。もっともそれが楽しみで訪れる人もいるようですが（写真：鴨川シーワールド）

トレーナーと息のあったパフォーマンスを見ていると、シャチの賢さに誰もが感動するはずです

ほかにもシャチたちは、パートナーであるトレーナーを背に乗せて泳いだり、いっしょに高々とジャンプしたりと、さまざまなパフォーマンスを見せてくれます。しかしどうすればここまでシャチたちとうまく息をあわせることができるのでしょうか？　トレーニングになにか秘密があるのでしょうか？

シャチのトレーニングの様子。日々のトレーニングを重ねることで、トレーナーとシャチの絆は深まっていきます。また毎年11月3日の「計量記念日」には、動物たちに協力してもらい、日ごろのトレーニングの成果として、海獣たちの公開体重測定も見ることができますよ

今、鴨川シーワールドにいる3頭のシャチはすべて、鴨川シーワールド生まれの個体です。鴨川シーワールドでは1970（昭和45）年10月の開業にあわせて海外から2頭のシャチを迎え入れ、飼育、トレーニング、繁殖に取り組んできました。1998（平成10）年には「ステラ」の出産を成功させて「ラビー」が生まれ、続いて「ララ」が生まれ、さらにラビーが「ルーナ」を出産しました。生まれも、育ちもみな、オーシャンスタジアムの同じプールの中なのです。

シャチは好奇心がとても旺盛な海獣なので、生まれてすぐに親の遊びをマネしたり、トレーニングに参加してくれるようになります。そうして少しずつできる種目の数が増えていくわけです。その過程でトレーナーは、もっといいパフォーマンスを見せるために、担当となった個体とどう関係を深めていくかを考えながら、日々、トレーニングを行っていきます。

トレーナーの方いわく、シャチと仲良くなるコツは「トレーニングを通して、できるだけ多くの時間をいっしょに過ごすこと」だそうですが、4～5年担当していても「これをすればもっとよくなる」という絶対的なものはないのだとか。毎日毎時間、このときはこうしてほしいという

パフォーマンスの時間以外では、シャチ専用のおもちゃがプールに浮かべられていたりします。レストランの窓からは、ひもを引っぱったり沈めてみたりと、シャチが自由に遊ぶ姿を見ることができます

パフォーマンス最後の決めポーズ。トレーナーとシャチが一体となって見事なパフォーマンスを繰り広げるのを見ていると、シャチの能力の高さ、賢さに心から感心してしまいます。シャチは「海のギャング」の異名をもちますが、このポーズからはとっても愛らしく賢い海獣としか思えませんよね

のが違ってくるので、トレーナーはあの手この手を使ってシャチの気持ちを探りながら、トレーニングを繰り返していくそうです。

鴨川シーワールドでは、７人のトレーナーが３頭のシャチとチームを組んでパフォーマンスを運営しています。シャチも私たち同様、やる気が高いときと低いときがあり、自分が担当する個体のやる気が今ひとつ上がらないときは、ほかのトレーナーが担当の個体とともにカバーすることもあるのだとか。こうした話を聞くと、パフォーマンスの間、トレーナーとシャチの一挙一動に、さらに目が離せなくなりますね。

飼育やパフォーマンスの疑問にズーミング！ No.7

エコロケーションってどれだけスゴイの？

北極海周辺にすむまっ白なイルカの仲間のベルーガもまた、すばらしいパフォーマンスを見せてくれる海獣です。好奇心も高く、プールの中から私たち人間をよく観察しているそうですよ

トレーナーにうながされたベルーガは、ぶら下げられた輪に向かっていきます

超音波と反響を利用して仲間の位置やエサとの距離、大きさ、数などを知ることができます

家の中で目隠しして歩いたこと、ありますか？　試さなくても、壁や家具などにぶつかって痛い思いをすることぐらいは想像できますよね。ところが鴨川シーワールドで飼育されているイルカの仲間の「ベルーガ」は、目隠しをされていても水中にぶら下げられた輪の場所と大きさを把握し、その輪にぶつかることなくくぐり抜けるという驚くべきパフォーマンスを見せてくれます。それだけでなく、輪と同じように水中にぶら下げられたプラスチックの板と金属の違いすら見抜いてしまうのです。いったいベルーガは、どのような能力でこうしたパフォーマンスを成

まず手前の輪、それもまん中をキレイに通り抜けていきました

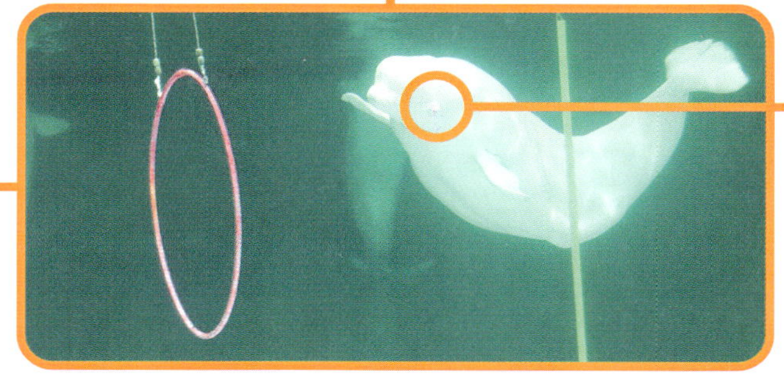

次に緑の棒をクルッと、それも棒には触れずに曲がっていきます

右手に持っているのがベルーガの目につけられた目隠しです。道具は飼育員の手作りが多いそうですよ

最後にもう一度、輪のまん中を通り抜けてトレーナーのところに戻っていきました。目隠ししたままですから、本当にスゴイ能力ですね

功させているのでしょうか？

実はイルカの仲間は、「エコロケーション」という能力をもっています。エコロケーションとは、人には聞こえない「超音波」をみずから発し、それがなにかにぶつかって返ってきた「反響」を受信することで、ぶつかったものの距離、方向、大きさなどを知ることができる能力です。イルカの仲間はこの能力を使って海の中にいるエサとなる魚を的確に探しだし、狩りを行います。イルカは群れを作って生活しますが、たとえ夜のまっ暗な海の中でも、仲間とぶつかることなく、エサを探して狩っていくのです。

Zooming

エコロケーションの秘密は、この頭の上にある呼吸孔にあります。呼吸孔は人間でいえば鼻の穴で、ベルーガはこの孔を使って呼吸し、また音を発して跳ね返ってくる反響を利用して輪や棒、エサなどを把握しているのです

ベルーガのパフォーマンスが行われる「マリンシアター」の上部にはモニターが設置されていて、エコロケーションの秘密を解き明かしてくれます

イルカ以外でも、口の中に歯をもつ「ハクジラ」の仲間もエコロケーションを行います。実はイルカとクジラは同じ仲間なのです。ただ歯をもたない「ヒゲクジラ」の仲間は、エコロケーションをしません。歯の有無だけでなく、頭の上にある「呼吸孔」も、イルカやハクジラの仲間は1つだけなのに対し、ヒゲクジラの仲間は2つと違いがあります。

呼吸孔は私たち人間でいう鼻の穴で、イルカやクジラは水面に上がったとき、この孔を開閉して呼吸します。また呼吸孔から続く気道の中の空気を動かすことで、鳴き声をだして仲間のイル

ベルーガの鳴き声を披露するパフォーマンス。私たちも一人ひとり声が違いますが、ベルーガも個体によって鳴き声が当然違います。「海のカナリア」と呼ばれるベルーガの鳴き声は、実際に聞くと誰もがビックリするはず！

口から空気の輪っかをだすパフォーマンス。ベルーガがパフォーマンスにでられるようになるのは訓練を始めてから１年ぐらいで、高度な種目となると２～３年は必要だそうです

カと会話をすることができるのです。ベルーガのパフォーマンスでもこの鳴き声を聞くことができますし、マイクの前に違う個体がくると、鳴き声が違うこともわかります。

私たち人間もそれぞれがもつ個性的な声や身振り手振りなどで家族や友達などとコミュニケーションを行いますよね。ベルーガをはじめとするイルカたちも同じです。それぞれが個性をもち、仲間たちとコミュニケーションをとりながら、広大な海の中で生きていくのです。

アシカとアザラシって どう違うの？

鴨川シーワールドの「ロッキースタジアム」で展開されるアシカファミリーの1シーン。サッカーボールを鼻先に乗せ、隣のアシカへと渡していきます

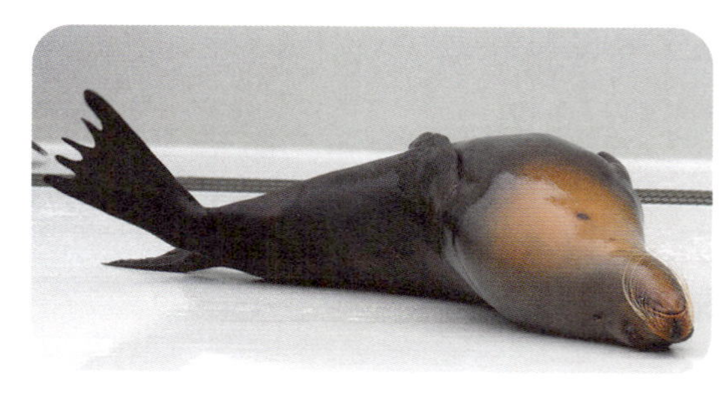

アシカの立派な後ろあし。アシカもアザラシもセイウチも同じひれあし類の仲間ですが、アシカとセイウチは後ろあしを前に曲げることができます

歩き方の違いと耳たぶの有無を見れば、アシカとアザラシが見分けられるようになります

見事なパフォーマンスを披露してくれる海獣はなにも、シャチやベルーガだけではありません。なかでも「アシカ」や「アザラシ」はいくつもの水族館でパフォーマンスを披露してくれています。また派手なパフォーマンスでなくても、「セイウチ」はその巨体からは想像つかない人懐っこさを飼育員によるエサやりなどで見せてくれますし、横たわって寝ている姿だけでも癒やされます。

壁に沿って立ちポーズをするアシカ。こうしたパフォーマンスはアシカならではですね

アシカの後ろあしが前を向いていますよね。これがアシカならではの特徴で、これだけでも覚えておけば、地上にいるアシカとアザラシを見分けるのは簡単です

ところでアシカとアザラシ、見分けることはできますか？　たとえば鴨川シーワールドの「アシカ・アザラシの海」では、アシカの仲間の「カリフォルニアアシカ」と、アザラシの仲間の「ゴマフアザラシ」や「ゼニガアザラシ」などが飼育されています。アメリカのカリフォルニア沿岸にはアシカとアザラシのコロニーがあり、それを再現しているわけですが、アシカとアザラシがいっしょにいるここに来て、どちらがどっちかを見分けることができるでしょうか？

実はアシカとアザラシには、明らかに違うところが２つあります。それは「歩き方」の違いと「耳たぶ」の有無です。

プールの中をスイスイ泳ぎ回る「ゴマアザラシ」。アザラシの後ろあしは常に体の後ろを向いているので、アシカのように曲げて歩くことはできません

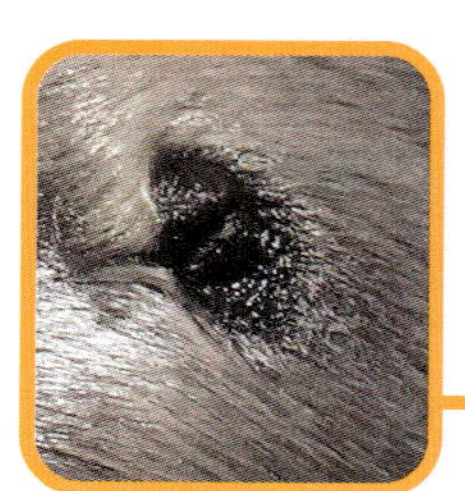

アシカとアザラシのもう1つの違いが耳たぶで、こちらは「ゼニガアザラシ」の耳。耳の孔があるのはわかりますが、耳たぶはないですね

Zooming

鴨川シーワールドの「ロッキースタジアム」ではアシカのパフォーマンスを見ることができますが、アシカの後ろあしをよく観察してみてください。前あしと後ろあしを使って歩いていませんか。アシカやアザラシ、そしてセイウチは四肢が「ひれ」のように発達しているので、これらを「ひれあし類」と呼びますが、アシカは後ろあしが前のほうに曲げることができるので、うまく歩くことができるのです。

こちらはアシカの耳。横から見ても下から見上げても、耳たぶがあるのがよくわかります

セイウチもひれあし類の仲間で、アシカほどではありませんが、後ろあしを前に曲げて歩くことができます

しかしアザラシは、後ろあしが常に体の後ろのほうを向いているので歩くことはできず、這うようにして前のほうに移動します。これがアシカとアザラシの大きな違いです。

耳たぶも見分ける重要なポイントで、泳いでいるときはわかりづらいかもしれませんが、動きを止めていれば、アシカは見る角度によって耳たぶがあるのがはっきりわかるはずです。

近くにアシカ、アザラシ、セイウチを飼育している水族館があれば、その違いをぜひ自分の目で確認してみてくださいね。

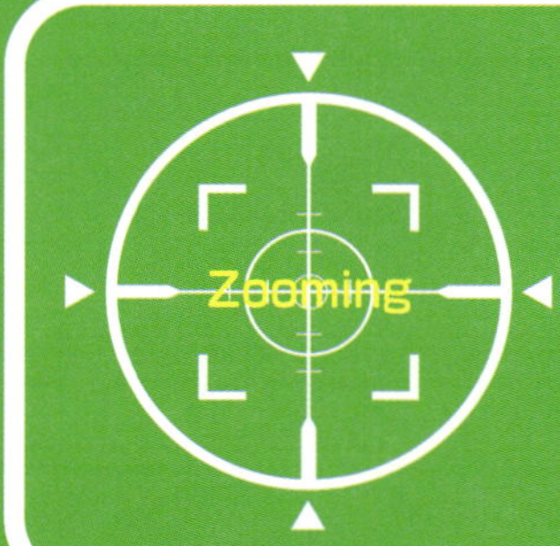

第3章

繁殖や研究の疑問にズーミング！

88ページ

No.3　飼育している生き物が死んだらどうするの？

92ページ

No.4　シーラカンスの研究をしているのはどうして？

繁殖や研究の疑問にズーミング！ No.1

魚はどうやって繁殖させているの？

●サンマの繁殖にズーミング！

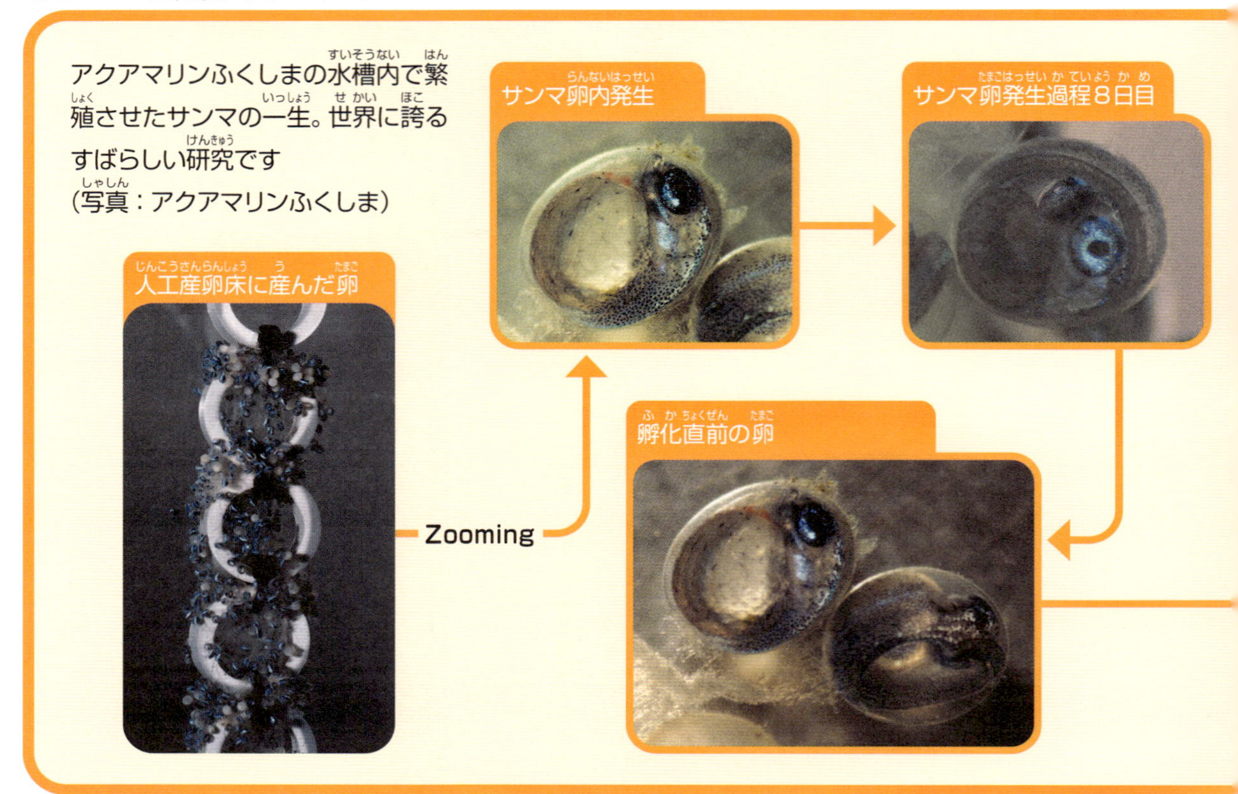

サンマは試行錯誤の連続の末、繁殖できるようになりました

魚の寿命はまちまちで、私たちがよく食べる魚では、アジは４～６年、サケは４～７年、マグロは長生きで20年以上生きます。しかしアユは１年しか生きられませんし、「サンマ」もまた寿命が短く、２年ほどでその一生を終えます。寿命が短くても養殖技術が確立されていればいいのですが、サンマはそうではありません。

秋の風物詩として知られ、ひと昔前まで“庶民の味方”として親しまれてきたサンマは、ここ20年もの間に水揚げ量が10分の１以下にまで減ってしまいました。このままではサンマを食

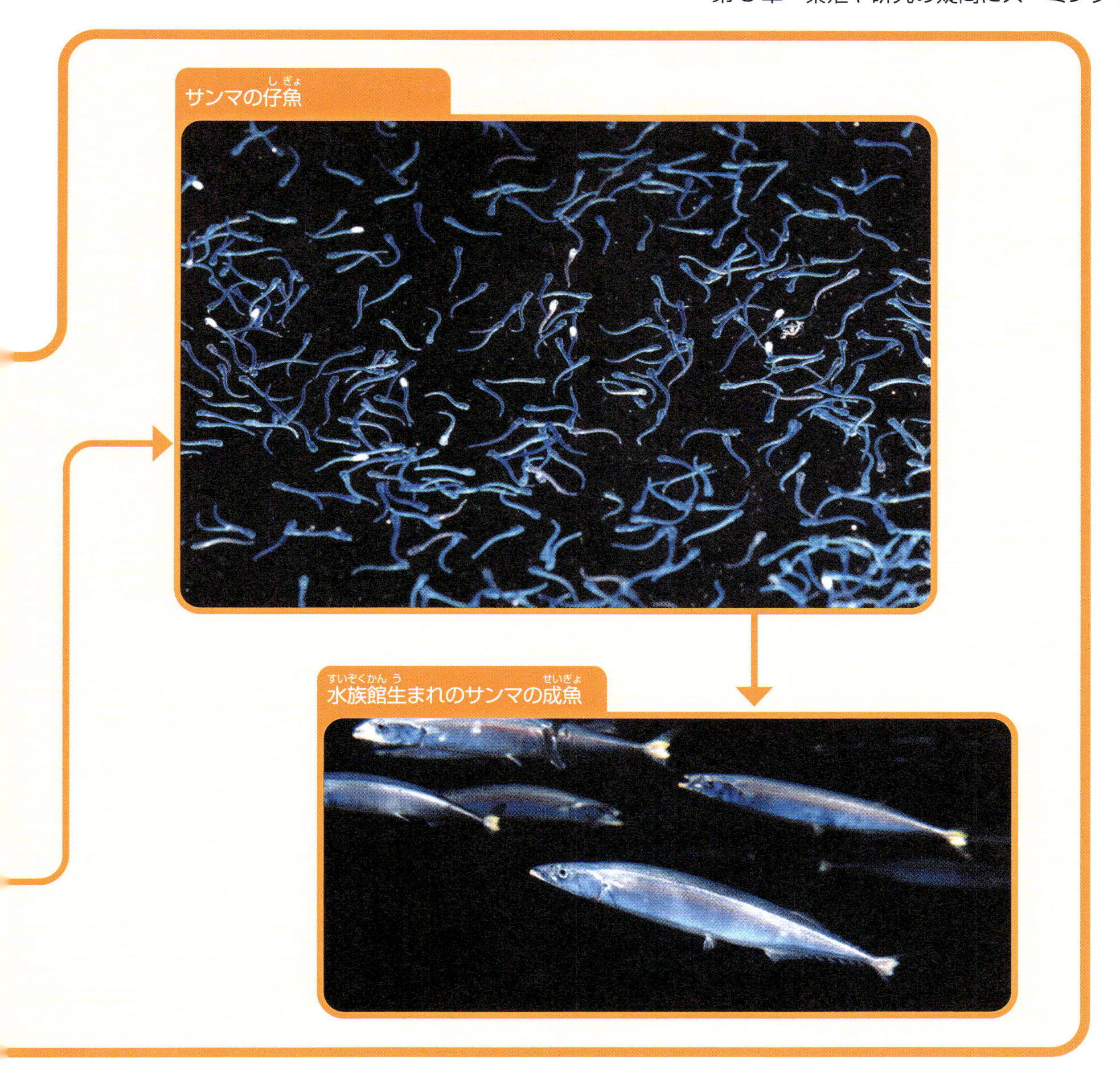
サンマの仔魚

水族館生まれのサンマの成魚

べられなくなる日がくるかもしれません。

養殖技術を確立させるためにはサンマの生態を解明し、まず飼育下で繁殖を成功させる必要があります。ただウロコが剥がれやすく、皮膚が傷つきやすいサンマは、生きたまま水族館に運ぶだけでも大変です。またとても神経質で、驚くと水槽から飛びでたり、水槽の壁にぶつかったりします。このため水族館でサンマを飼育することすら難しいのですが、アクアマリンふくしまでは1997（平成９）年７月に世界で初めて、水槽内でサンマを繁殖させることに成功したのです。

アクアマリンふくしまの水槽内で産まれたサンマの展示水槽。水槽の真ん中、真上からぶら下がっているのが、サンマが卵を産みつける人工産卵床です

Zooming

バックヤードからサンマの水槽を見たところ。とても神経質な魚で、驚くと水槽から飛びでたり、水槽の壁にぶつかったりするので、飼育する数もあまり多くできず、水槽内を掃除するのも気を使うそうです

アクアマリンふくしまがサンマの研究を始めたのは、福島県沖がサンマのよい漁場で、地元の小名浜港が全国でも有数のサンマ水揚げ量を誇っていたことが理由です。しかしサンマは非常にデリケートな魚で、長期間の飼育展示に成功した水族館がなく、繁殖に関しては謎だらけ。だからこそアクアマリンふくしまが長期にわたって取り組む研究テーマにふさわしい、となったとか。

そしてこのサンマの飼育と繁殖を担当し続けているのが山内信弥さんで、その期間はなんと20年以上。ほかの魚たちの世話もしながら、サンマの繁殖を手探りの状態から始めた苦労は、

山内さんが投げ入れるエサに食いつくサンマたち。エサやりは1日3回に加えて、自動給餌器を使ったエサやりもあります

サンマの繁殖と育成を行うのは「水生生物保全センター」の中。ラブカの人工保育（下の写真）などもここで行われるそうですよ

網目模様は、サンマの仔魚が水槽の壁にぶつからないようにするためのもの。この模様や色は何度も試行錯誤を繰り返したそうです

人工産卵床に産みつけられたサンマの卵。この輝く卵たちが水槽育ちの次の世代になってくれるのです

並大抵のものではなかったとか。サンマが水槽の壁にぶつからないように網目模様にしてみたり、水槽の色を変えてみたり、水温や水流、エサ、照明などを工夫したりと、試行錯誤を繰り返した結果、今では来館者に世代を重ねたアクアマリンふくしま産まれのサンマを見せることができるまでになりました。

　このように魚の繁殖には飼育員の並々ならぬ苦労があります。水槽の近くに繁殖に関する解説があったら、ぜひそれにも目を向けてくださいね。

繁殖や研究の疑問にズーミング！ No.2

海獣たちを繁殖させるのって難しいの？

鴨川シーワールドで生まれた9歳のティアの出産の瞬間。2024年8月23日に生まれたメスの赤ちゃんは飼育下3世となり、国内初の快挙となりました
(写真：鴨川シーワールド)

長年の飼育と研究、水族館同士の情報共有などで、繁殖に成功することが増えています

生き物によって繁殖の難しさはまちまちで、同じイルカでも種が違えば難しさは変わります。たとえば鴨川シーワールドには体長2～4mのもっとも一般的な「バンドウイルカ」と、ひと回り小さな体長2m前後の「カマイルカ」が飼育されていますが、この2種は体長以外にも違いがあります。国内の複数の水族館で飼育され、繁殖実績が多数あるバンドウイルカに対し、少し臆病な性格のカマイルカは飼育や繁殖がより難しいということです。

ディアナは2010年に鴨川シーワールドにやってきた個体で、推定年齢は34歳。ティアより早い8月8日にオスの赤ちゃんを生みました（写真：鴨川シーワールド）

Zooming

ディアナの出産経緯ですが、3時57分に尾ビレが出現（上の写真）、13時11分に出産と、8時間以上かかりました。長時間にわたって見守った飼育員も大変だったと思います
（写真：鴨川シーワールド）

ティアの出産経緯ですが、4時11分に尾びれが出現（左ページの写真）し、約1時間後の5時14分に出産しました。2頭の赤ちゃんにはこれから名前がつけられます
（写真：鴨川シーワールド）

鴨川シーワールドでは2024年８月、カマイルカの出産を連続して成功させましたが、飼育下３世ではこれが国内初ということからも、繁殖の難しさがわかるというもの。ちなみに鴨川シーワールドは2003年にバンドウイルカで、2019年にカマイルカで国内初の人工授精を成功させていますが、その取り組みを始めたのは1982年とのことですから、いかに海獣類の繁殖が難しいかがわかるというもの。ちなみに野生の個体が飼育下で赤ちゃんを生むとその子が飼育下２世となり、飼育下２世の個体が赤ちゃんを生むとその子が飼育下３世となります。

鴨川シーワールドのセイウチたち。牙が長いのがメスのミナ（右）で、短いのがオスのリク（左）です（写真：鴨川シーワールド）

その大きな体からは想像がつかないほど人懐っこいセイウチ。エサやりの時間ではその様子を見ることができます

イルカでこれだけ大変なのですから、体長が5m以上、体重が約2トン以上もある「シャチ」ともなると、想像を絶する苦労があります。シャチの妊娠期間は1年半ほどととても長く、赤ちゃんは生まれた時点で体長が2mほどあります。無事、誕生しても、赤ちゃんには試練がまだ残っています。自分の力で泳いで水面まで行き、初めての呼吸をしなければいけません。呼吸がうまくできたら次はお乳ですが、母親が子育てに積極的でないと、いつまで経ってもお乳を飲めるようになれません。こうしたときは母親の母性を呼び起こそうと、トレーナーがうまくフォローしたりします。

（写真：鴨川シーワールド）

24時間体制で行われる親子ワッチ。飼育員は交代でカマイルカの親子たちの成長を見守り続けます

鴨川シーワールドは日本で唯一、シャチの繁殖に成功し、また「セイウチ」の繁殖も成功させた水族館です。こうした海獣類の繁殖に取り組み続けるのには、初代館長の思いがあると勝俣浩館長はいいます。「将来、繁殖が絶対に必要になる」との考えから、水族館のいくつかある役割のうち繁殖の優先順位を上げて、海獣たちの研究と繁殖への取り組みを進めてきたそうです。それが今日のシャチファミリー、セイウチファミリーなどにつながっています。

繁殖を成功させるためには、全スタッフのサポートが必要なのはいうまでもありません。その１つが24時間体制で行われる「親子ワッチ（見守り）」で、2024（令和６）年の夏は、カマイルカのプールの窓の１つでこのワッチが行われていました。出産間近のときからある程度子育てが進むまで、飼育員が交代で見守り続けます。こうした献身的なサポートによって、新しい命が生まれ、さらにその次の世代へとつながれていくのです。

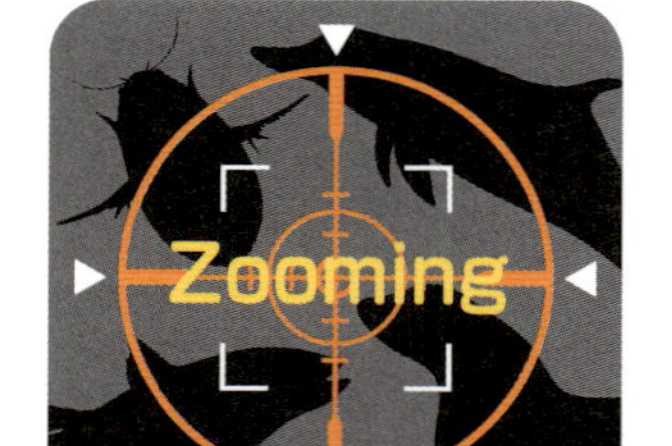

繁殖や研究の疑問にズーミング！ No.3

飼育している生き物が死んだらどうするの？

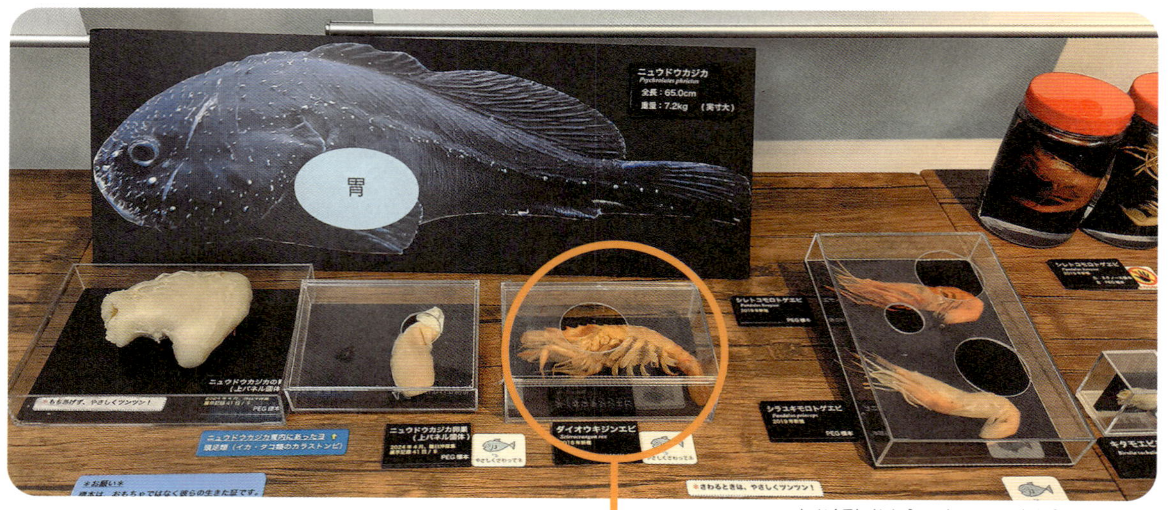

飼育展示中に死んだ貴重な生き物は、その後の研究や展示に役立てられたりします

「ダイオウキジンエビ」のグリセリン標本。体の作りを指で触れて確認することができます。飼育中の観察、死んだあとの調査・研究、そして展示、このすべてに意味があります

解剖して死んだ原因や生態を解明したり、標本にして研究や展示に役立てたりします

すべての生き物には寿命があり、突然、病気になって死ぬこともあります。水族館で飼育展示されている川や海の生き物のなかには寿命が特に短いものもいて、たとえばアユは1年ほど、サンマは2年ほどしか生きられませんし、寿命がよくわかっていない生き物もいます。飼育展示の最中に死ぬこともあり、このため繁殖させたり、新たに採集してきた仲間を追加したりしなくてはなりません。では、死んだ生き物たちはその後、どうするのでしょうか？

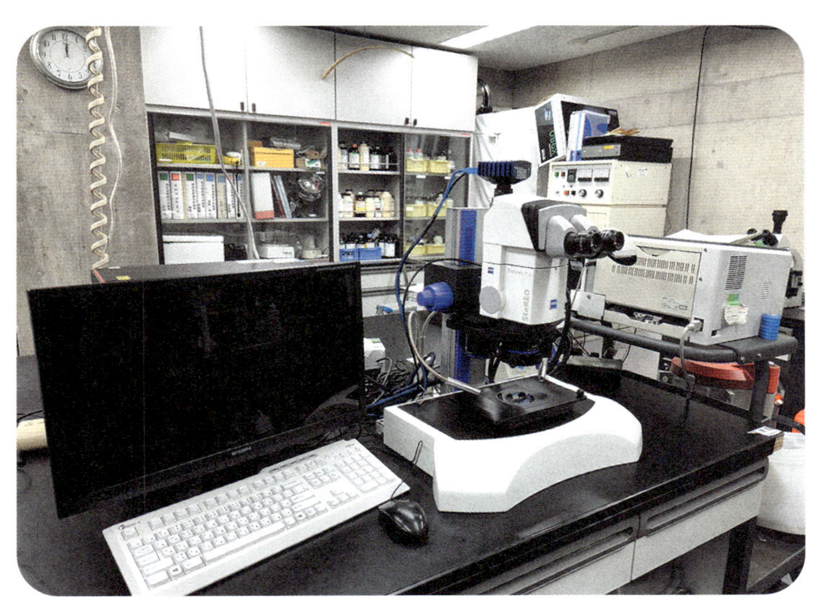

魚が死んだ原因や、体の作りなどを調べるのに不可欠な器具が顕微鏡です。この顕微鏡はパソコン経由で大きなモニターに表示することができるので、より観察しやすくなっています

アクアマリンふくしまで貴重な標本を保管している部屋の前には、ウミガメや海鳥たちの剥製が保管されていました。ここまでは「バックヤードツアー」で来ることができるそうです

水族館で飼育展示中に死んだ生き物は、解剖して死んだ原因を調べます。新種の生き物は、死んでからがむしろ重要だったりします。全身を調べ、解剖して、その生態や特性などを解き明かす研究ができるからです。特に魚などは、飼育展示する前に体をじっくり調べることができません。短い時間でも、人間に触られることで体力が弱まり、死んでしまうことが多いからです。飼育中の観察、死んだあとの調査・研究、どちらもすごく重要です。

"Zooming"

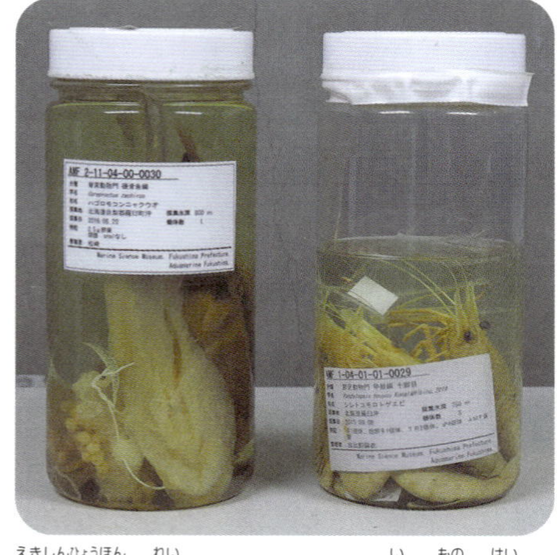

液浸標本の例。どのビンにどの生き物が入っているかがすぐにわかるよう、分類や学名、和名、採集地、採集日などが書かれたラベルが貼られています

棚にズラリと並べられた液浸標本。生き物の体にあわせた大小さまざまなビンに入れられて、複数の棚に所狭しと保管されていました。かけがえのない、水族館の貴重な財産です

さらに後日また調べることができるよう、ホルマリンやアルコールに漬けて標本として保管します。学校の理科室（実験室）にある液体に漬けられた標本と同じ状態のものですね。こうしておけば腐らないので、後日また研究に使うことができるのです。こうした標本を「液浸標本」といいます。

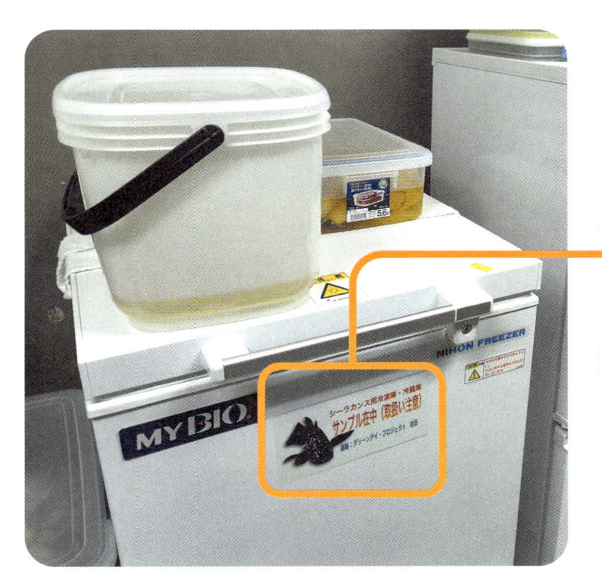

Zooming

部屋の中に設置された「シーラカンス用冷凍庫・冷蔵庫 サンプル在中（取扱い注意）」と書かれた冷蔵庫。なかにはなんと……

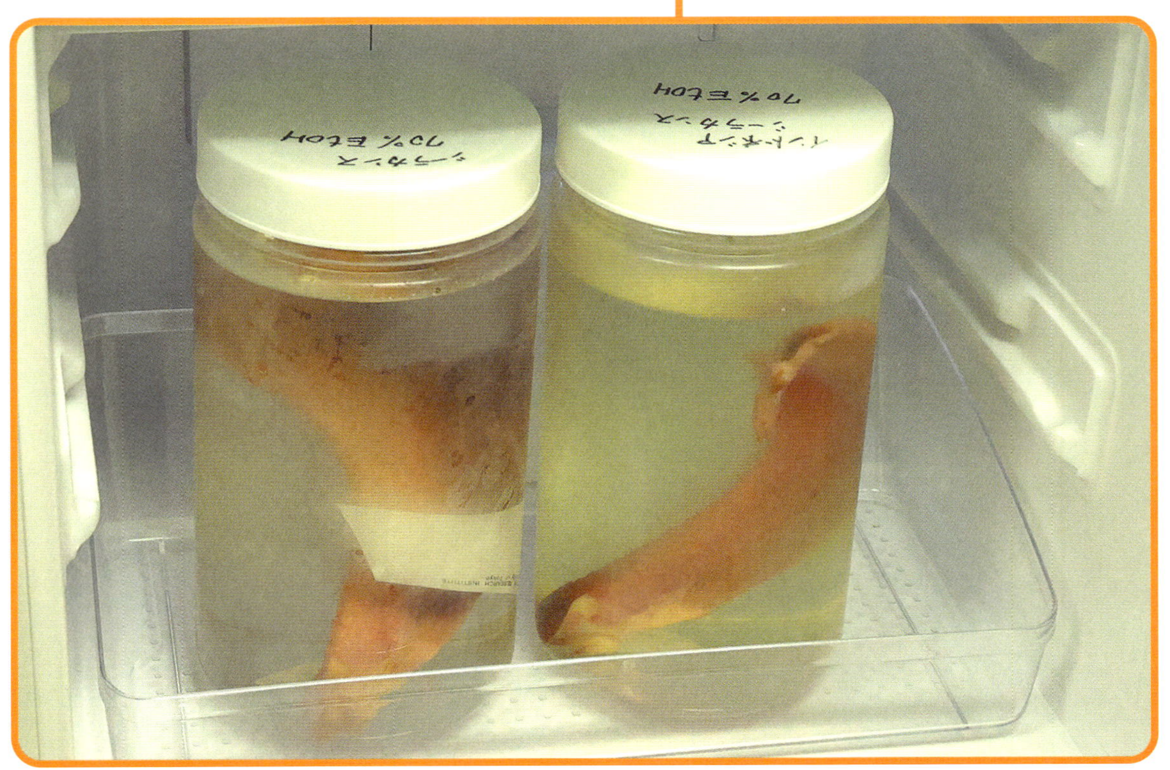

シーラカンスのエラの液浸標本が保管されていました。シーラカンスの研究に力を入れている、アクアマリンふくしまだけの、世界的に見てもきわめてレアな液浸標本ですね、これは！

　こうした標本や、死んだ動物を使って作られた剥製は、水族館での重要な展示物の１つにもなります。水族館を訪れた際、標本に触ったりできる機会があれば体験してみるといいでしょう。ちなみに死んだ生き物を食べることは絶対にありませんよ。

繁殖や研究の疑問にズーミング！ No.4

シーラカンスの研究をしているのはどうして？

Zooming

アクアマリンふくしまに入ると、海とそこに生きる生き物の進化がわかる「海・生命の進化」が広がります。その奥が、シーラカンスの棲み家（標本展示場所）です

水族館が行うべき長期的な研究プロジェクトのテーマとしてシーラカンスを選んだからです

化石として残っている大昔の姿とほぼ同じ姿で、絶滅せずに現代まで生き残っている生物を、「生きた化石」または「生きている化石」といいます。その代表格が「シーラカンス」です。

シーラカンスは「古代魚」の一種で、1938（昭和13）年に南アフリカで発見されたニュースは、世界を驚かせました。すでに絶滅した魚と考えられていたからです。1967（昭和42）年にフランス政府から日本に贈られた標本が一般公開されると、シーラカンス人気が爆発します。コートニー＝ラティマー学芸員がシーラカンスを発見した物語が当時の子供たちの心に特に響いたようで、令和となった今でも、シーラカンス人気は衰えていません。

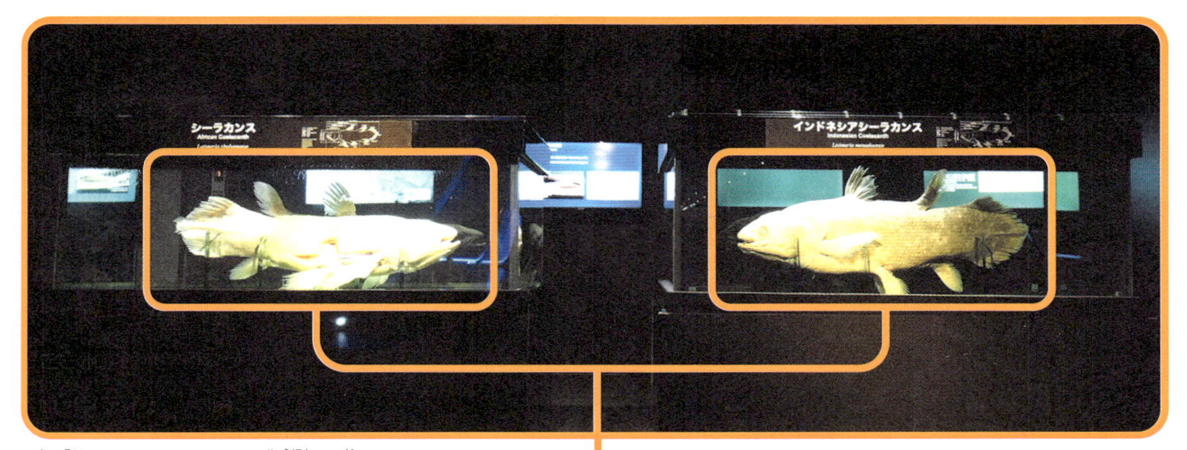

２種類のシーラカンスの標本が向かいあわせで展示されています。右がインドネシアシーラカンスで、左がアフリカのシーラカンスです

インドネシアシーラカンスの標本が展示されているのは、生息地のインドネシア以外ではアクアマリンふくしまだけ。借りている標本なので、いつか見られなくなってしまうかもしれません。見に行くなら、まさに今でしょ！

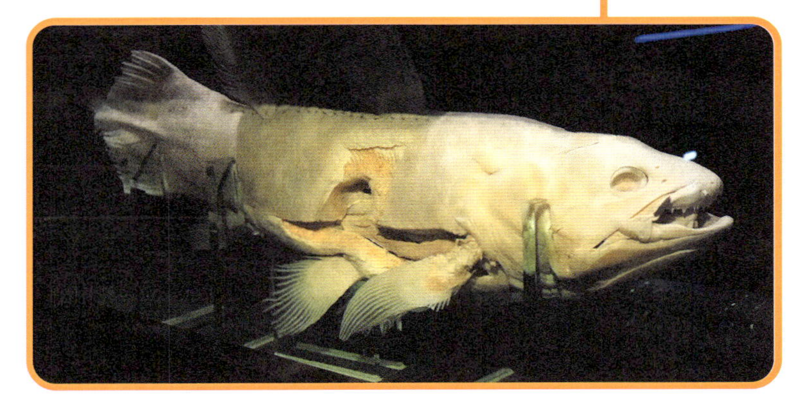

日本の水族館で展示されているシーラカンスの標本は、すべてこのアフリカのシーラカンスです。お腹の一部がなくなっているのは、解剖を行った名残りです

シーラカンスの標本を展示している水族館は複数ありますが、見逃せないのはアクアマリンふくしまの展示でしょう。というのも、世界唯一となる２種類のシーラカンスを同時公開中だからです。

アクアマリンふくしまがシーラカンスを研究しているのは、開館した2000年に当時の安部義孝館長が、水族館は長期的な研究プロジェクトをもつべきで、そのテーマをシーラカンスにしよう、と決めたからです。これが「シーラカンスプロジェクト」の始まりとなりました。

●シーラカンスプロジェクトの歩み（簡易版）

2001年1月	アクアマリンシーラカンス委員会発足
2003年10月	ROV（遠隔操作型水中探査機）を導入
2006年4～6月	インドネシアのスラウェシ島で、のべ7個体の撮影に成功
2007年10月	アフリカのタンザニアで、のべ8個体の撮影に成功 ── Zooming
2008年10月	コモロから届いた、シーラカンスの冷凍標本の解剖を実施
2009年9月～10月	インドネシアで9月末に、6個体のシーラカンスの撮影に成功。10月6日には世界で初めてシーラカンスの幼魚の撮影に成功
2012年5月	インドネシアのマナド周辺で、生態調査と、日中に2個体の撮影に成功
2013年6月	インドネシアのマナド周辺で、生態調査と1個体の撮影に成功
2015年5月	インドネシアのスラウェシ島周辺で、生態調査と2個体の撮影に成功 ── Zooming

その後、飼育員による生息地調査が重ねられ、2006（平成18）年4月以降は継続して泳ぐシーラカンスの姿を撮影することに成功しています。なかでも画期的だったのが、2009（平成21）年10月にインドネシアで、飼育員の岩田雅光さん率いるプロジェクトチームが、ハイビジョンカメラを搭載したROV（遠隔操作型水中探査機）を使って、生きたインドネシアシーラカンスの子ども（幼魚）の撮影に成功したことです。シーラカンスはほかの多くの魚と違って、卵ではなく子どもを産む「胎生魚」で、それもかなり大きくなってから産むことがわかっています。チームが撮影したのはまさにこの状態の子どもで、世界で初めての快挙となりました。

ちなみに岩田さんは、アクアマリンふくしまにくる前は日本で初めてシーラカンスの標本が公開された「よみうりランド海水水族館」で働いていて、シーラカンスの標本が入れられたガラスの掃除をしていたことがあるのだとか。シーラカンスがもたらした縁、なんかすごくジーンときますよね。

2007年10月、タンザニア沖で撮影に成功したアフリカのシーラカンス（写真：アクアマリンふくしま）

インドネシアでの生態調査の様子。現地の方の協力を得ながら、シーラカンスの調査・研究が進められています。次の成果が報告されるのが今から楽しみですね

（写真：アクアマリンふくしま）

水深約300mまで潜れるROV（遠隔操作型水中探査機）で深海を調査している最中にシーラカンスの幼魚を発見し、撮影することに成功しました。このROVは水族館内で展示されていることもあります

【監修】

小宮　輝之

1947年、東京都生まれ。1972年、多摩動物公園の飼育係に就職。同園と上野動物園の飼育課長を経て、2004年から2011年まで上野動物園園長を務める。2022年から（公財）日本鳥類保護連盟会長。『ズーミング！ 動物園』（秀和システム）、『ほんとのおおきさ水族館』（学研プラス）、『もっと知りたい動物園と水族館』（メディア・パル）、『くらべてわかる哺乳類』（山と渓谷社）、『人と動物の日本史図鑑』（少年写真新聞社）など、著書・監修本多数。

【編集協力】

間曽　さちこ（zoo & aquarium lovers）

【写真】

市原　達也

【イラスト】

箭内　祐士

ズーミング！ 水族館

発行日　2024年12月7日　第1版第1刷

監　修　小宮　輝之

協　力　アクアマリンふくしま／鴨川シーワールド

発行者　斉藤　和邦

発行所　株式会社　秀和システム

〒135-0016

東京都江東区東陽2-4-2　新宮ビル2F

Tel 03-6264-3105（販売）Fax 03-6264-3094

印刷所　株式会社シナノ　Printed in Japan

ISBN978-4-7980-7365-1 C0045